写给孩子的编程书

玩转SCRATCH 4

创意游戏和动画

李雁翎 匡　松 / 主编
徐　妲 陈玖冰 / 编著

国家开放大学出版社出版　国开童媒（北京）文化传播有限公司出品
北　京

陈国良院士序

在中国改革开放初期，人们渴望掌握计算机技术的时候，是邓小平最早提出：“计算机的普及要从娃娃做起。”几十年过去了，我们把这句高瞻远瞩的话落实到了孩子们身上，他们的与时俱进，有目共睹。

时至今日，我们不但进入了信息社会，而且正在迈入一个高水平的信息社会。AI(人工智能）以及能满足智能制造、自动驾驶、智慧城市、智慧家居、智慧学习等高质量生活方式的5G（第五代移动通信技术），正在向大家走来。在我看来，这个新时代，也正是从娃娃们开始就要学习和掌握计算机技术的时代，是我们将邓小平的科学预言继续付诸行动并加以实现的时代。

我们的后代，一定会在高科技环境中成长。因此，一定要从少儿时期抓起，从中小学教育抓起，让孩子们接受良好的、基本的计算思维训练和基本的程序设计训练，以培养他们适应未来生活的综合能力。

让少年儿童更早接触“编写程序”，通过程序设计的学习，建立起计算思维习惯和信息化生存能力，将对他们的人生产生深远意义。

2017年7月，国务院印发的《新一代人工智能发展规划》提出“鼓励社会力量参与寓教于乐的编程教学软件、游戏的开发和推广”。2018年1月，教育部“新课标”改革，正式将人工智能、物联网、大数据处理等列为“新课标”。

为助力更多的孩子实现编程梦，推动编程教育，李雁翎、匡松两位教授联合多位青年博士编写了这套《写给孩子的编程书》。这套书立意新颖、结构清晰，具有适合少儿编程训练的特色。“讲故事学编程、去观察学编程、解问题学编程”，针对性强、寓教于乐，是孩子们进入“编程世界”的好向导。

我愿意把这套《写给孩子的编程书》推荐给大家。

陈国良

2019年12月

主编的开篇语

小朋友，打开书，让我们一起学“编程”吧！编程世界是一个你自己与计算机独立交互的“时空”。在这里，用智慧让计算机听你的“指挥”，去做你想让它做的“事情”吧！

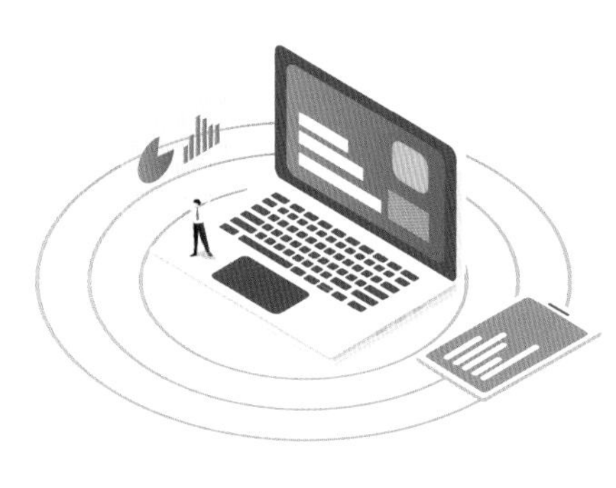

在日常的学习和工作中，我们可少不了计算机的陪伴：你一定感受过“数字化校园”、VR 课堂带来的精彩和奇妙；你的爸爸妈妈也一定享受过智能办公软件带来的快捷与便利；科学家们在航天工程、探月工程和深海潜水工程的科学研究中，都是在计算机的支持下才有了一个一个的发现和突破……我们的衣食住行也到处都有计算机的身影：“微信”可以传递消息；出行时可以用“滴滴”打车；购物时会用到“淘宝”；小聚或吃大餐都会看看“大众点评”……计算机是我们的“朋友”，计算机科学是我们身边的科学。

计算机能做这么多大大小小的事情，都是由“程序”控制并自动完成的。打开这套书，我们将带你走进“计算机世界”，一起学习“编写程序”，学会与计算机“对话”，掌握计算机解决问题的基本技能。

学编程，就是学习编写程序。“程序”是什么？

简单地说，程序就是人们为了让计算机完成某种任务，而预先安排的计算步骤。无论让计算机做什么，或简单、或复杂，都要通过程序来控制计算机去执行任务。程序是一串指示计算机操作的命令（“指令”的集合）。用专业点儿的话说，程序是“数据结构 + 算法”。编写程序就是编写“计算步骤”，或者说编写“指令代码”，或者说编写“算法”。

听起来很复杂，对吗？千万不要被吓到。编程就是你当“指挥”，让计算机帮你解决问题。要解决的问题简单，要编写的程序就不难；要解决的问题复杂，我们就把复杂问题拆解为简单问题，学会化繁为简的思路和方法。

我们这套书立意“讲故事—去观察—解问题”，从易到难，带领大家一步步学习。先掌握基本的编程方法和逻辑，再好好发挥自己的创造力，你一定也能成为编程达人！

举个例子：找最大数

问题一：已知 2 个数，找最大。

程序如下：

(1) 输入 2 个已知数据。

(2) 两个数比大小，取大数。

(3) 输出最大数。

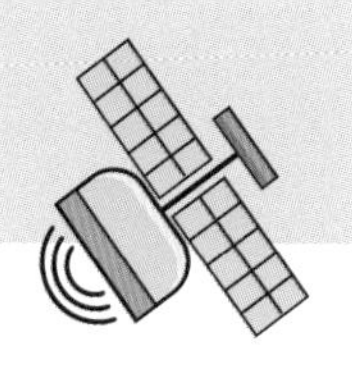

问题二：已知 5 个数，找最大。

程序如下：

(1) 输入 5 个已知数据。

(2) 先前两个数比大小，取较大数；较大数再与第三个数比大小，取较大数……以此类推，每次较大数与剩余的数比大小，取较大数。这个比大小的动作重复 4 次，便可找到最大数。

(3) 输出最大数。

问题三：已知 N 个数，找最大。

程序如下：

(1) 输入 N 个已知数据。

(2) 先前两个数比大小，取较大数；较大数再与第三个数比大小，取较大数……以此类推，每次较大数与剩余的数比大小，取较大数。这个比大小的动作重复 N-1 次，便可找到最大数。

(3) 输出最大数。

上述例子中我们可以看出，面对人工难以处理的大量数据时，只要给计算机编写程序，确定算法，计算机就可以进行计算，快速得出答案了。

如果深入学习，同一个问题我们还可以用不同的"算法"求解（上面介绍的是遍历法，还有冒泡法、二分法等）。"算法"是编程者的思想，也会让小朋友在问题求解过程中了解"推理—演绎，聚类—规划"的方法。这就是"计算机"的魅力所在。

本系列图书是一套有独特创意的趣味编程教程。作者从一个奇幻故事讲起（讲故事，学编程），将故事情景在计算机中呈现，这是"从具象到抽象"的过程；再从观察客观现象出发（去观察，学编程），从客观现象中发现问题，并用计算机语言描述出来，这是"从抽象到具象再抽象"的过程；最后提出常见数学问题和典型的算法问题（解问题，学编程），在计算机中求解，这是"从抽象到抽象"的过程。通过这套书的渐进式学习，可以让小朋友走进人机对话的"世界"，从而培养和训练小朋友的"计算思维"。

本册以"小壹梦游奇幻记"的故事为主线，通过"故事共情—任务抽象—逻辑分析—分解创作—概括迁移"的思维引导，带领大家用编程呈现小壹闯关历险的十大情景。让小朋友在完成任务的过程中掌握计算思维，在编程中体验计算机的奇妙世界。

小朋友们，你们从这里起步，未来属于你们！

2019 年 12 月

目　录

1 逃出黑森林　6

2 猜猜口令　22

3 弹奏《欢乐颂》38

4 奇怪的新朋友　46

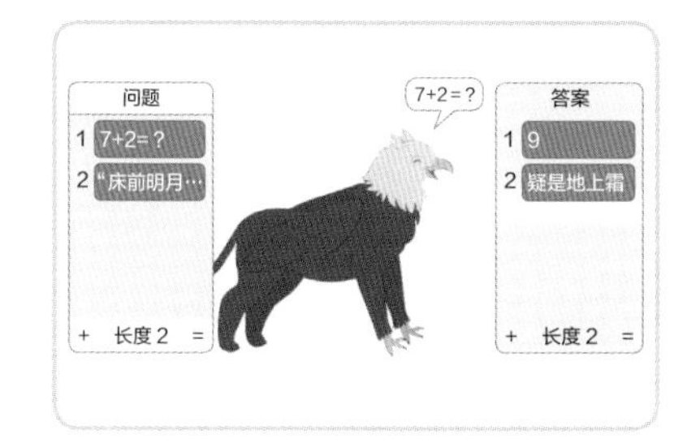

5 穿越恐龙防线　64

6 手绘花园　94

7 无厘头故事会　114

8 精灵喊数比大小　132

9 魔法卡片翻翻乐　148

10 气球派对　168

附录 1 安装 Scratch　182

附录 2 Scratch 编程环境简介　184

附录 3 Scratch 游戏和动画的编程技巧简介　188

逃出黑森林

解锁新技能

- 上传本地角色
- 设置舞台背景
- 绘制背景图案
- 控制角色行为
- 颜色碰撞检测

小壹是个馋嘴的男孩，为了摘到树上的果子，他掉进了一个神秘的地洞。

地洞下面是一个魔法世界。小壹看了看，周围黑漆漆的，像是一片黑森林。好恐怖啊！

小朋友，让我们用 Scratch 绘制一条小路，再编写一个小程序来帮助小壹逃出黑森林吧！

领取任务

怎么帮助小壹逃出黑森林呢？别着急，仔细观察一下，在森林的另一端有光亮，那一定就是出口了！黑漆漆的森林里，应该绘制一条什么样的小路才能让小壹看到呢？

对啦，一条荧光小路！让小壹沿着我们绘制的荧光小路一直走，就能逃出来了。

怎么实现这样的效果呢？

学习和操作的要点如下：

（1）初步熟悉设置角色和背景的方法，将角色设置成主人公小壹，将背景设置成黑森林。

（2）学习如何绘制背景图案，亲手帮助小壹绘制一条荧光出逃路线。

（3）学习综合使用条件和循环结构来控制角色行为，让小壹能够走起来。

（4）利用颜色碰撞检测的知识让小壹能够沿着路线行走，最终顺利逃出黑森林。

小朋友，准备好了吗？打开 Scratch 编辑器，我们要开始咯！

一步一步学编程

1 设置角色

打开 Scratch 编辑器，屏幕显示如右图所示。界面主要包括菜单栏、指令区、脚本区、舞台区、角色区和背景区。

屏幕右侧舞台区的黄色小猫被称为“角色”，“角色”相当于故事里的人物。系统里面的角色都在右下方的角色区进行管理。

根据剧情需要，本次编程任务中的主人公是一个名叫小壹的男孩，所以我们要做的第一件事就是将角色切换为小壹的形象。

删掉系统默认角色

在角色区找到名为“角色 1”的黄色小猫图案。点击“角色 1”（小猫）右上角的删除按钮，删除“角色 1”。▷

添加“小壹”角色

打开更改角色菜单。将鼠标指向角色区右侧的小猫头像图标，图标由蓝色变成绿色，同时弹出含有四个按钮的菜单。▽

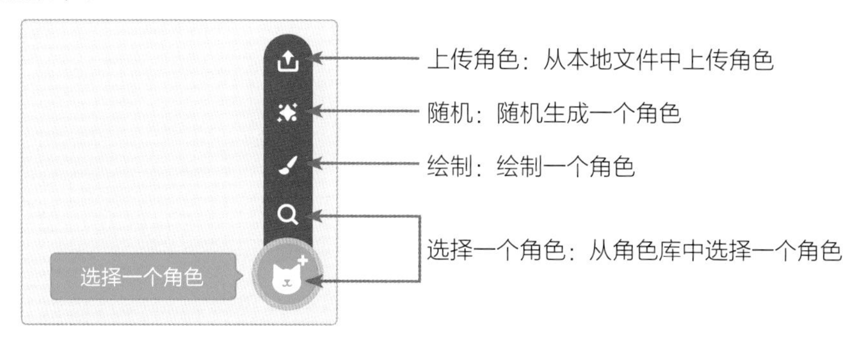

上传角色。点击第一个按钮，上传角色。打开已经下载到电脑中的本册“案例 1”文件夹，从“4-1 案例素材”文件夹中找到“小壹”图片。点击图片再点击“打开”按钮，小壹的形象就载入程序里了。◁

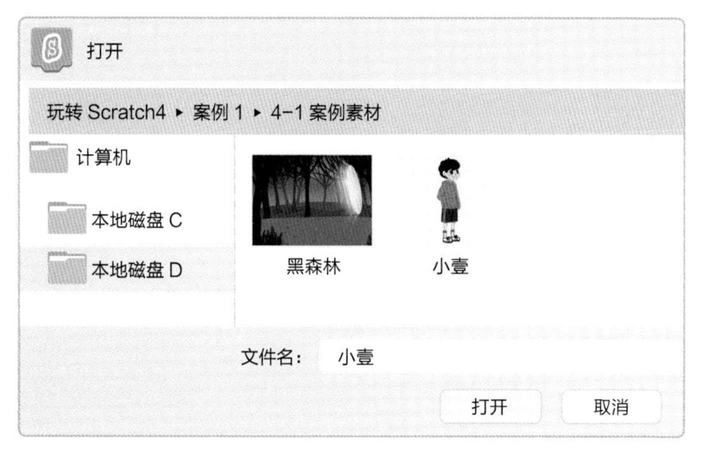

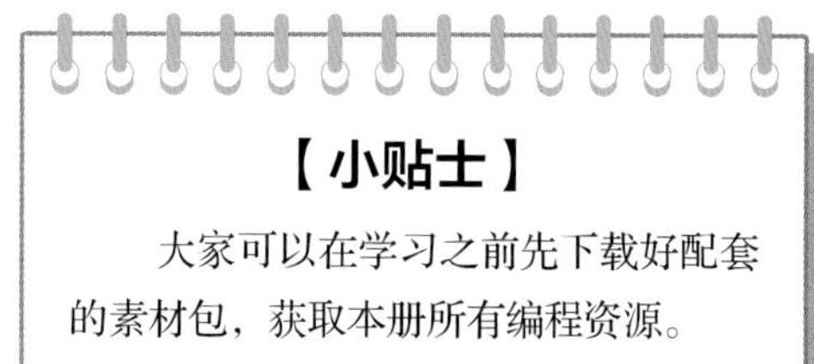

【小贴士】

大家可以在学习之前先下载好配套的素材包，获取本册所有编程资源。

角色区、舞台和脚本区都出现了小壹的形象，表示我们成功添加了一个角色啦！

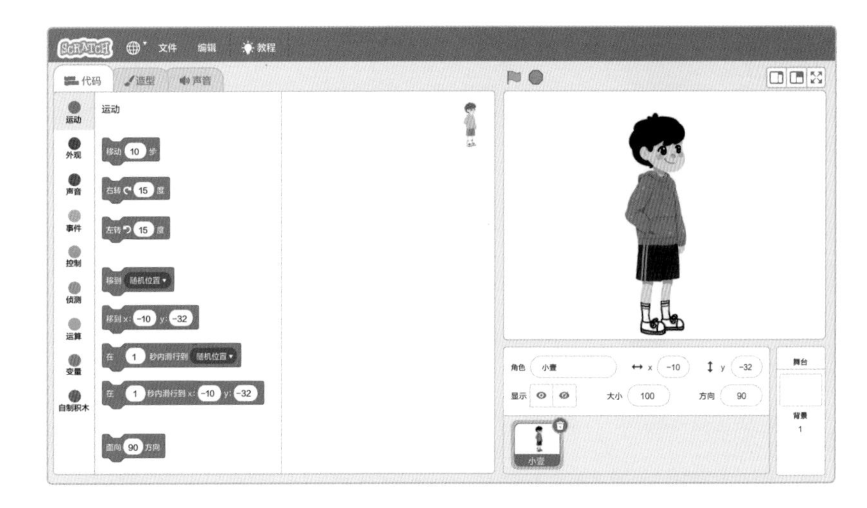

修改角色大小。我们发现小壹的角色图片有些过大，所以需要将小壹的角色大小调整一下。

在角色区属性面板中找到表示大小的文本框，默认数值是 100。将 100 修改成 40 就可以满足需要啦！

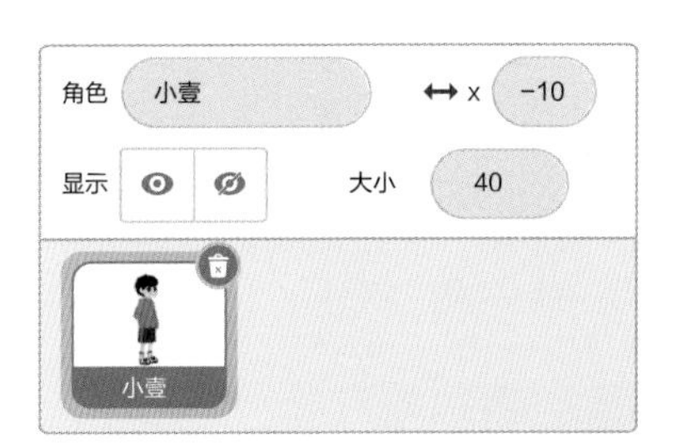

在舞台区，用鼠标拖曳小壹角色，可以移动他的位置，你会发现属性面板上 x 和 y 后面的数字会随着小壹位置的变化而改变，它们代表的是小壹在舞台上的坐标位置。

修改 x 和 y 后面的数字，看看小壹的位置分别怎么变化吧。

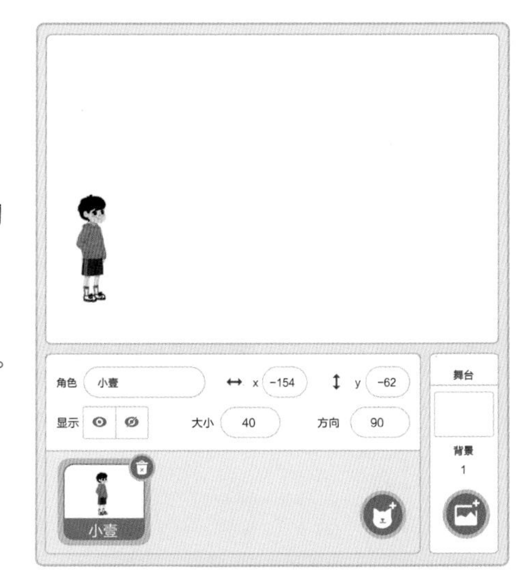

2 设置背景

Scratch 默认的舞台背景是白色的，根据剧情需要，我们需要重新设置舞台背景。

打开更改背景菜单。鼠标指向背景区下方的“选择一个背景”图标，图标变成绿色，同时弹出含有四个按钮的菜单。▷

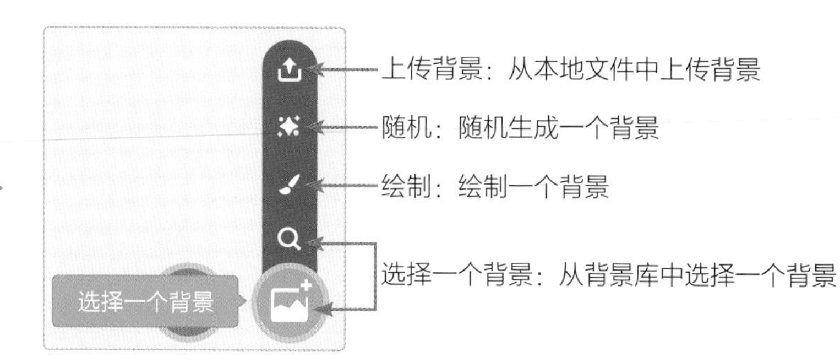

上传背景图片。点击第一个按钮，上传背景。在“4-1案例素材”文件夹中找到“黑森林”图片。点击图片，再点击“打开”按钮，舞台背景就添加成功了。▷

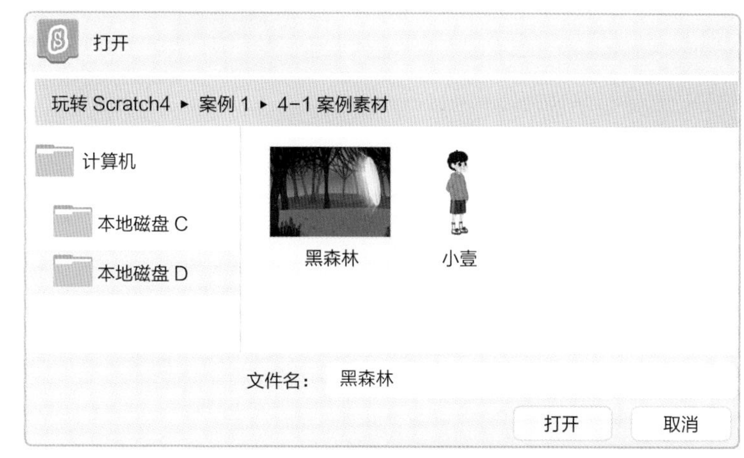

现在，舞台背景已经变成了黑森林，程序界面也自动进入了背景编辑状态。▽

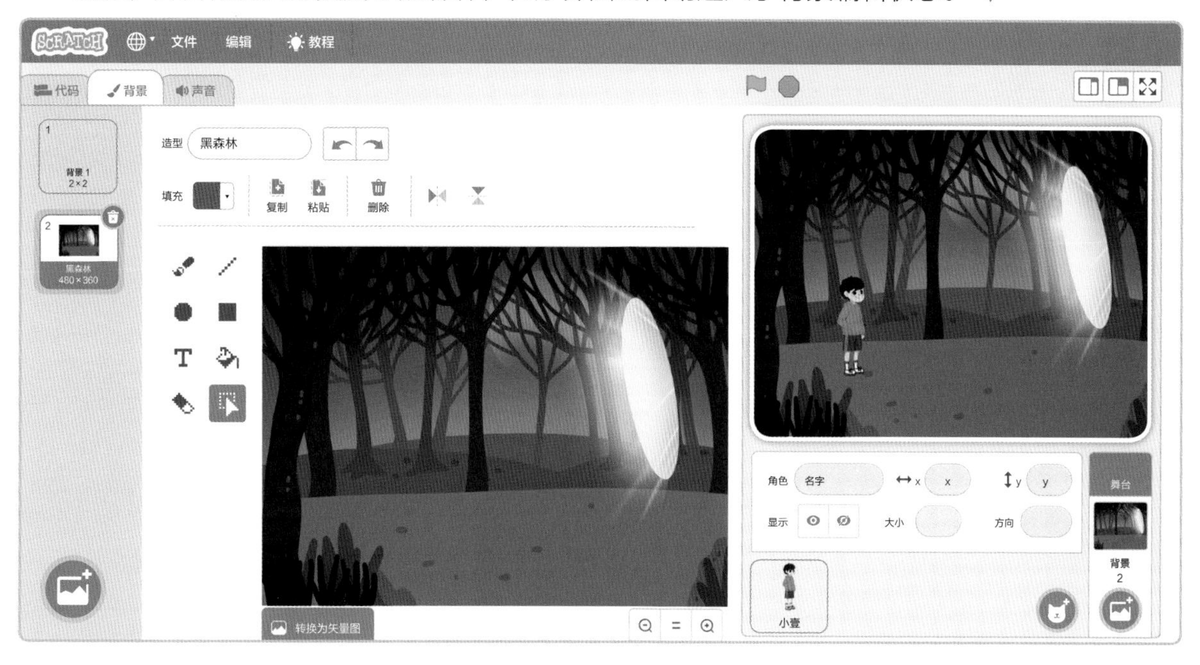

绘制荧光小路

接下来要在黑森林背景上为小壹绘制一条荧光出逃路线。怎样绘制呢？

进入背景编辑状态

我们添加黑森林背景后，整个程序界面已经自动进入黑森林背景编辑状态了。

小朋友，如果在编程中你想对背景进行编辑，可以先点击背景区的背景图，再点击屏幕左上角的“背景”选项卡，选中你要编辑的背景图就可以进行操作啦。 ▷

在背景编辑界面下，左侧是现有背景图案列表，中间位置为图案编辑区。我们可以用工具栏上的画笔、橡皮擦、填充、文本、线段、圆形、矩形等工具对背景图案进行编辑。 ▷

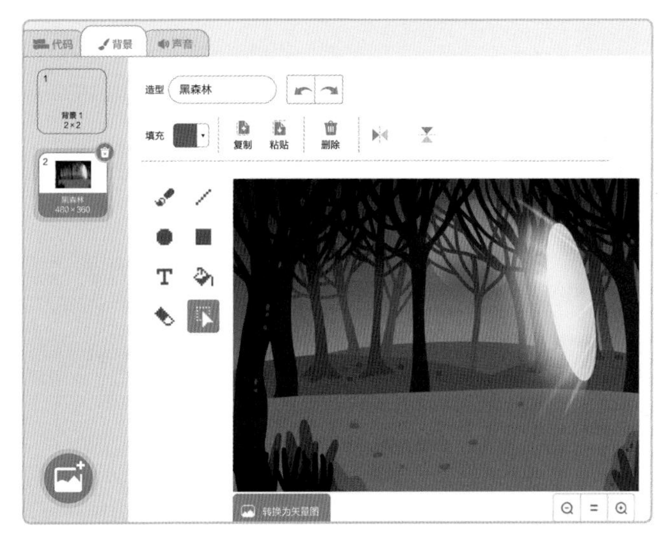

绘制荧光小路

在故事中，我们要为小壹留下的是荧光色的出逃路线，所以我们将使用画笔工具，画笔的颜色设置为荧光色。

找到设置面板上的“填充”功能，点击“填充”后面的色块，打开颜色设置对话框，用鼠标拖曳颜色、饱和度和亮度条上的白色圆形控制按钮来调整颜色的显示效果。你可以参考下面的设置：颜色是23，饱和度是66，亮度是95。 ▷

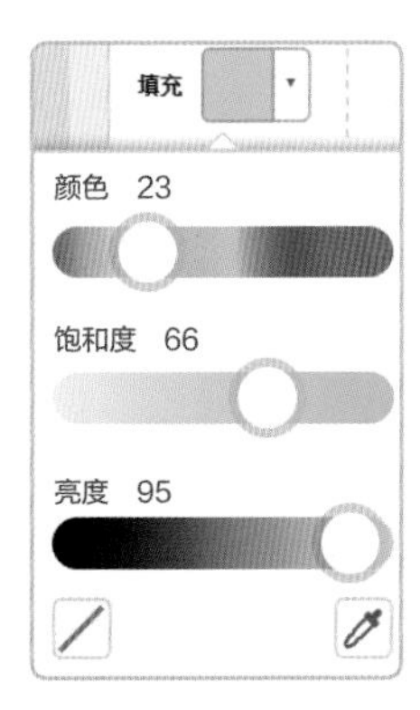

▽ 点击工具栏上的画笔工具，然后在背景上绘制一条路线。

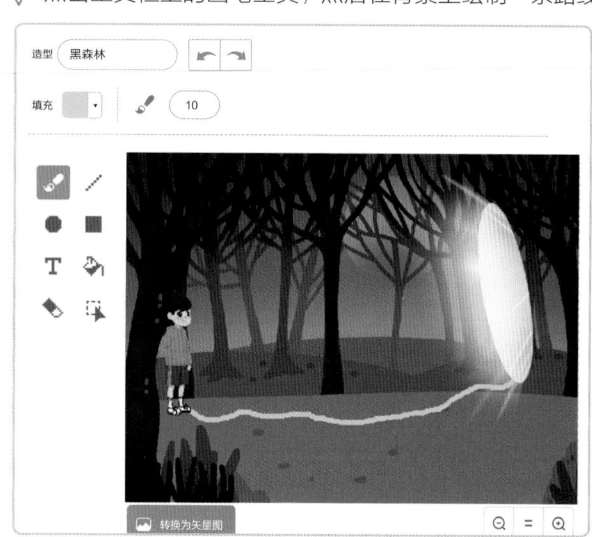

4 控制角色行为

荧光小路画好了，接下来让小壹沿着小路动起来吧！

点击角色列表中的小壹角色，再点击屏幕左上角“代码”选项卡，切换到角色编辑状态界面，开始进行角色代码编辑。▽

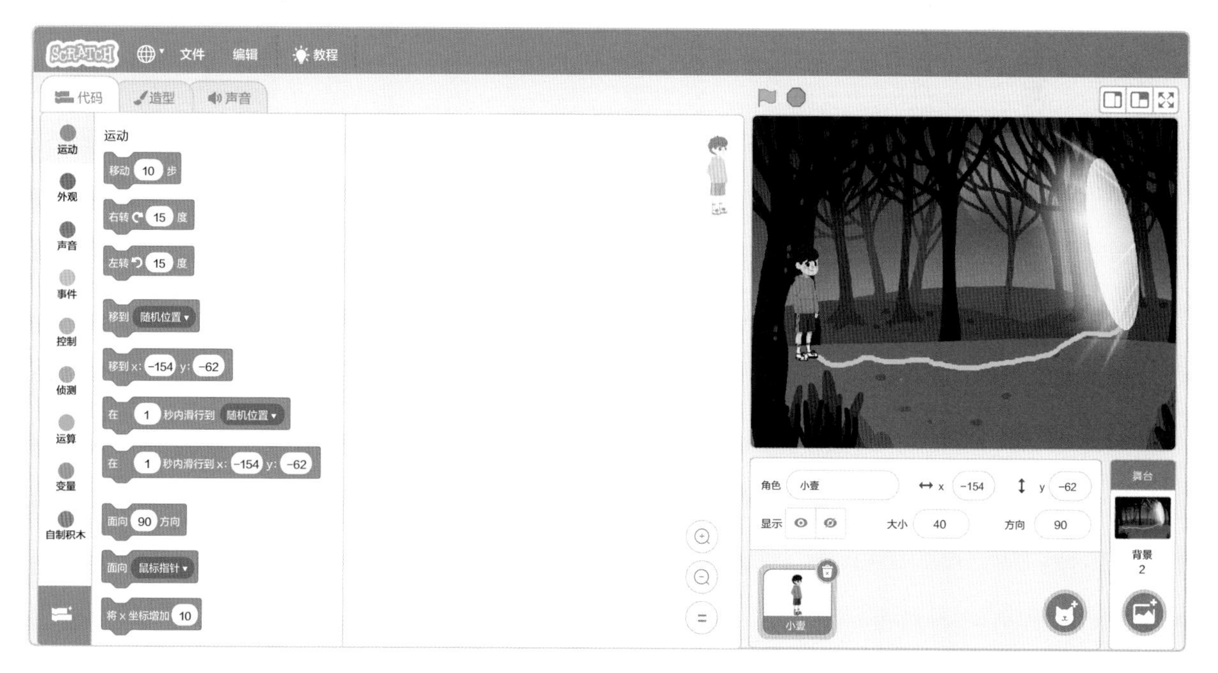

调整小壹位置

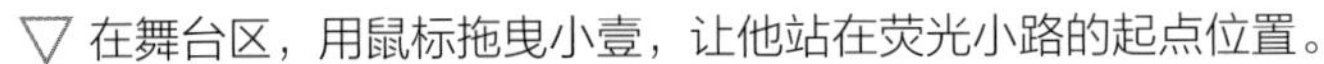

▽ 在舞台区，用鼠标拖曳小壹，让他站在荧光小路的起点位置。

编辑行动代码

点击屏幕左上角的 " 代码 " 选项卡，会出现一列圆形按钮。它们表示不同类型的指令，点击每种指令， 旁边都会出现多个可供选择的积木。

从“运动”类指令下的积木中拖曳一个“移动 10 步”的积木到脚本区。点击该动作积木，小壹向右移动 10 步，再点击一次，再向右移动 10 步。当然，你可以修改白框里面的数值，比如修改成 50，看看是什么效果?

移动 10 步

再把“右转 15 度”“左转 15 度”的代码积木拖曳到脚本区。它们可以实现角色向右或者向左旋转 15 度，其中白框中的 15 也可以修改成其他数值，试试看吧!

右转 ↻ 15 度

我们可以用左转或右转实现小壹前进方向的变化。不过，在小壹旋转的时候，小壹的身体开始倾斜了！如果一直点击右转积木，小壹就要翻跟头啦！ ▷

如果想设置小壹向右走，而不是向右旋转，该怎么办呢？那就需要设置小壹角色图案不发生旋转。

在角色区属性面板中点击“方向”后的文本框，打开方向设置面板。点击不旋转按钮，并把方向数值改回 0（这也可以通过拖动方向圆盘上的小箭头来实现），这样，小壹就不会翻跟头啦！

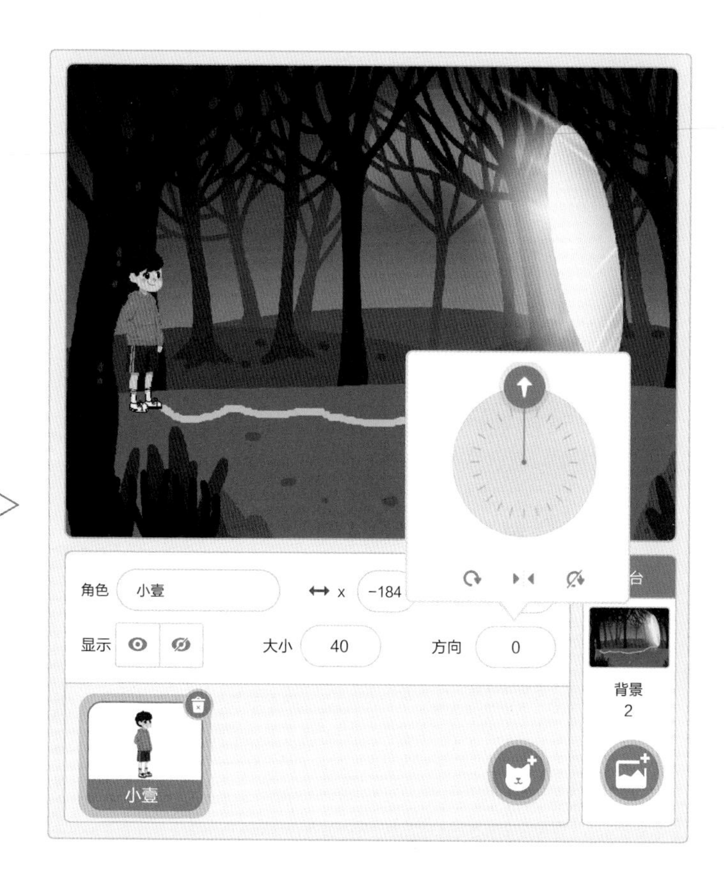

5 颜色碰撞检测

我们想让小壹沿着荧光色路径走到出口，要用到颜色碰撞检测的功能。

【编程秘诀】颜色碰撞检测

颜色碰撞检测是一个判断条件，表示第一个颜色和第二个颜色发生接触。通常用颜色碰撞来检测两个角色是否相遇，或者角色和场景中的某些内容是否相遇。

本案例中，如果检测到小壹鞋子的颜色正好碰到了荧光小路的颜色，说明他的行动方向是正确的；如果这两个颜色没有碰到，说明他偏离了路线，需要让小壹调整行动方向。直到小壹鞋子的颜色与出口颜色发生碰撞，小壹就成功地找到了出口。

点击界面左侧“侦测”类指令按钮，在旁边找到检测颜色碰撞的“颜色……碰到……？”代码积木并拖曳到脚本区，将它作为小壹行动的条件。▷

设置第一个颜色值。点击第一个椭圆形区域，弹出颜色面板。为了快速得到想要的颜色，可以点击面板最下面的拾色器（此时屏幕会变暗，鼠标保持吸取状态）。将鼠标移至舞台区，鼠标光标变成一个带中心取色点的圆形放大镜，中间小点为屏幕上你要吸取的颜色，放大镜的颜色为你当前吸取的颜色。中心小点移至小壹鞋子上时点击鼠标，吸取小壹鞋子的颜色，则第一个颜色值设置完毕。

▽ 跟着箭头一步一步设置第一个颜色吧。

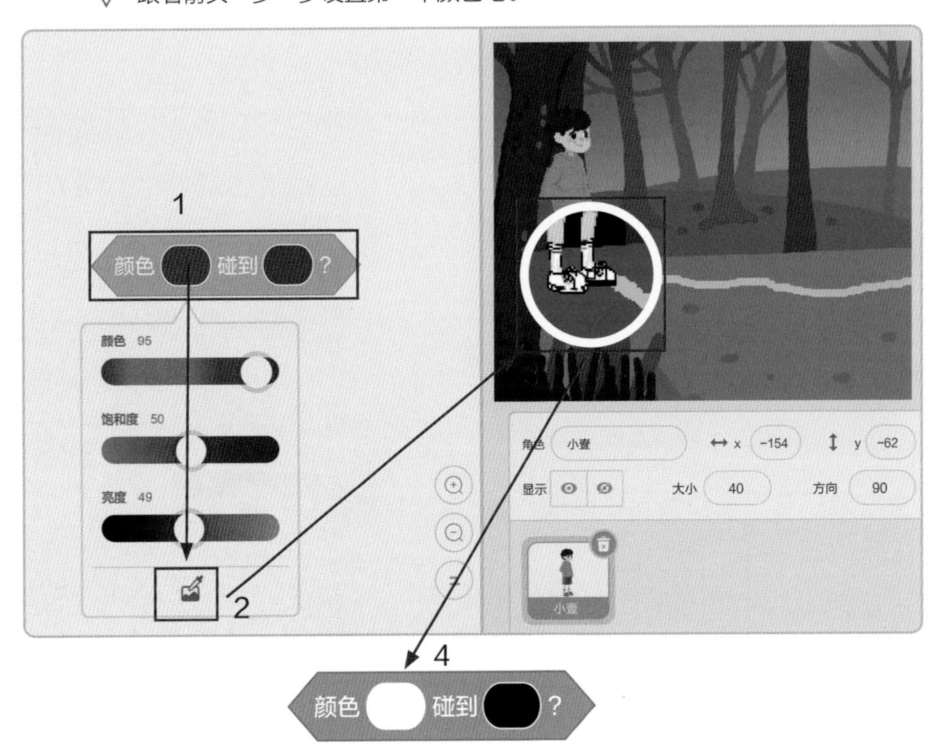

同样用拾色器来设置第二个颜色值，即吸取荧光小路的颜色。点击第二个椭圆形区域，在弹出的颜色面板最下面，选用拾色器，吸取右侧舞台背景上荧光小路的颜色就可以了！

6 控制前进方向

小壹走的路线对不对呢？我们需要判断一下，判断的语句是“如果……那么……否则……”。

我们要用左转或右转控制小壹的前进方向。不过先要对情况做判断。如果小壹的鞋子碰到的颜色不是荧光色，那么就让他向右旋转 15 度，继续寻找荧光色，否则向左旋转 15 度，保持原来的方向，这时需要用到“如果……那么……否则……”判断代码积木。我们可以在“控制”类积木中找到它，并把它拖曳到脚本区。

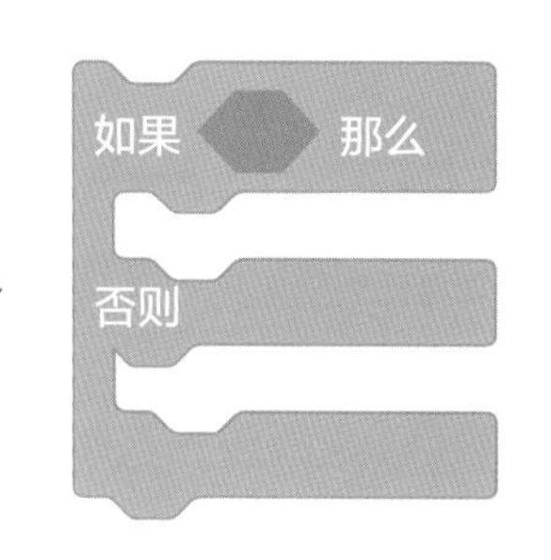

积木上六边形位置就是如果结构的“条件”，本案例中的条件就是小壹鞋子的颜色是否与荧光小路的颜色相遇。拖曳刚刚设置好的颜色碰撞检测积木，插入这个六边形位置上就可以了！

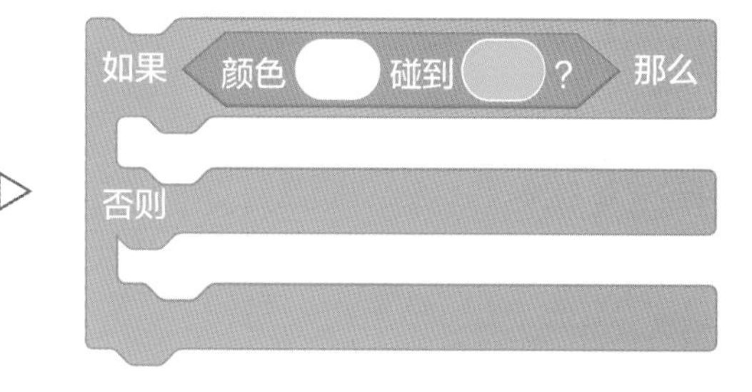

如果小壹的鞋子与荧光小路发生碰撞，让小壹左转 15 度，否则右转 15 度。将刚才的左转和右转积木分别添加到两个积木插槽里面。

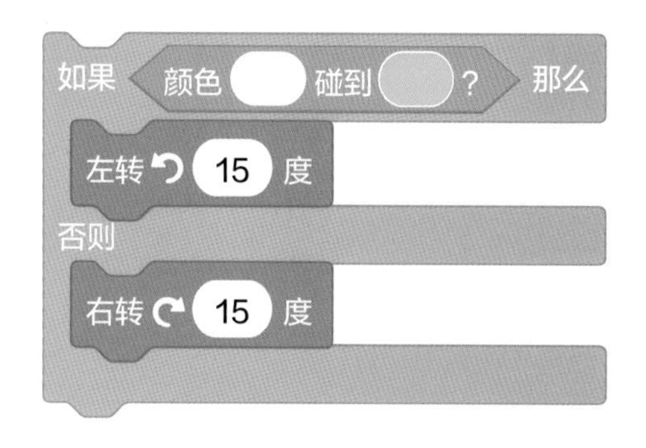

如果我们点击一下积木，小壹才动一下，这样太慢了不是吗？最好能让小壹自动走到出口，当遇到出口的时候，停止运动。为此，我们就需要一个“重复执行直到……”代码积木，还是在“控制”类积木中找到它。 ▷

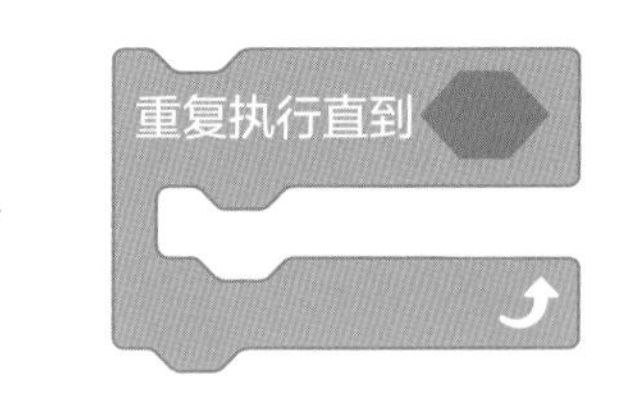

循环的条件就是小壹的鞋子是否碰到了出口。再添加一个颜色碰撞检测积木，第一个颜色吸取小壹鞋子的颜色，第二个颜色吸取出口的颜色。 ▷

小壹运动时，当鞋子碰到了出口时停止运动，否则一直向前移动，如果偏离了荧光出逃路线，就及时调整运动方向。将上述的积木在脚本区组合起来。 ▷

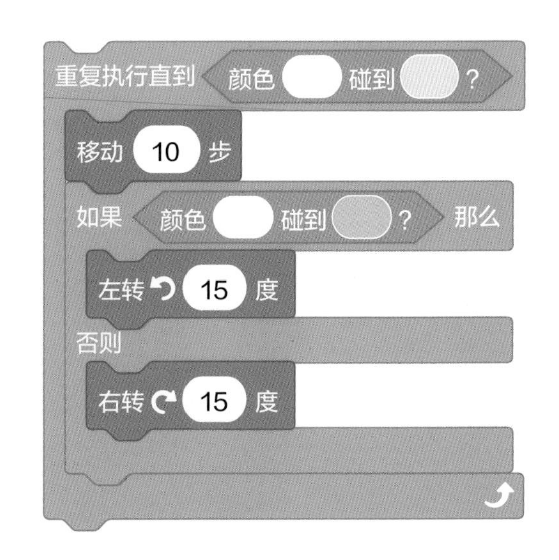

最终，小壹成功走到出口。 ▽

运行与优化

我们来整理一下本次任务的程序代码吧！

为了让程序能够运行起来，我们还要将“事件”类指令中的“当🏳被点击”代码积木拖曳到小壹角色代码的最上端。

小壹角色最终代码如下图所示。

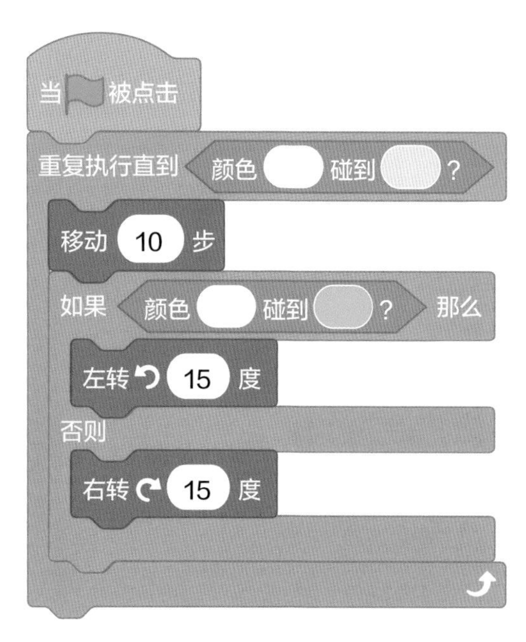

点击舞台上方的🏳按钮，就可以让程序运行起来了。

请注意观察，你有没有帮助小壹成功逃出黑森林呢？

即使小壹没有成功逃出来，也不要气馁，请按照步骤再检查一下代码。

【小贴士】

注意小壹在舞台上的起始位置应该就是荧光小路的起点，即在开始的时候，就让他在小路上，否则他可能会找很久哟！

思维导图大盘点

成功地帮助小壹逃出了黑森林，你真棒！回顾一下，我们主要用到了颜色碰撞检测的知识来解决问题，过程中用到的编程知识如下图所示。

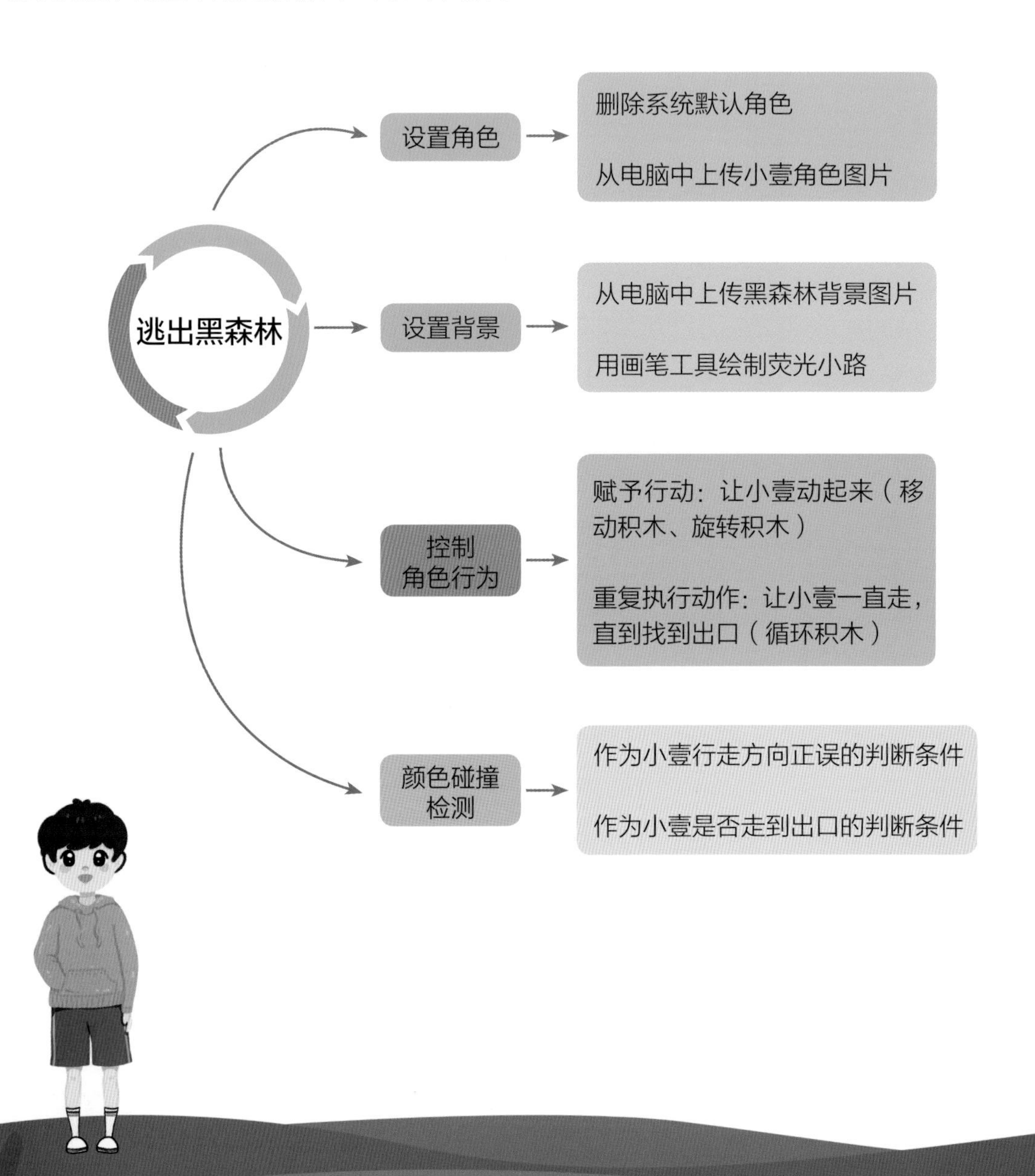

挑战新任务

掌握了这么多新技能，你一定很有成就感吧！

小壹想请你去河边散步，聊聊他掉到地洞里的经历。

你能再帮他设计一段河边散步的小程序吗？

猜猜口令

解锁新技能

- 从角色库中选择角色
- 添加对话框
- 添加变量
- 比较数字大小
- 设置计数器
- 播放声音

小壹终于逃出黑森林啦！

这时，对面走来一位巫师。巫师说："小壹同学，你很了不起嘛！居然能走出黑森林！不过你被施了黑魔法，现在已经无法动弹了！"

啊！是啊，小壹觉得浑身僵硬，只有嘴巴和眼睛可以动："那，怎么办呢？！您快帮帮我吧！"

巫师说："你需要破解口令，如果说对了口令，魔法就会自动解除！不过，你只有三次机会，如果三次都不对，那就需要重新来过！"

口令？会是什么口令呢？快来编写一段程序帮小壹破解口令吧！

领取任务

怎样才能破解口令呢？当然是输入的口令和预设的口令能够匹配啦！

（1）先将系统默认角色修改为巫师的形象。

（2）添加对话框，让玩家能够跟巫师进行对话。

（3）添加变量，用来接收玩家输入的口令。

（4）使用“运算”类指令下的比较大小代码积木来匹配口令，如果答对了，巫师就会称赞你“太棒了！”，游戏过关；否则就说“答错了！”，游戏失败。

（5）因为只有三次输入口令的机会，所以还要设置计数变量，记录输入次数，如果输入超过三次，发出警报声音，游戏重新开始！

小朋友，准备好了吗？打开 Scratch 编辑器，我们要开始了！

一步一步学编程

1 设置角色

首先，将系统默认的小猫角色替换成巫师。这次我们从系统提供的角色库中选取巫师形象。

删掉系统默认角色

在角色区找到名为“角色 1”的黄色小猫图案，点击右上角的删除按钮，删除它。

添加“巫师”角色

打开角色库。

点击角色区右侧的小猫头像图标，就出现了 Scratch 为我们提供的角色库。

搜索角色。角色库左上角有一个搜索框，输入关键词就可以检索你需要的角色图。角色库中包含各种各样的角色图案，还可以通过点击“所有”“动物”“人物”“奇幻”“舞蹈”“音乐”“运动”“食物”“时尚”“字母”按钮进行分类筛选。

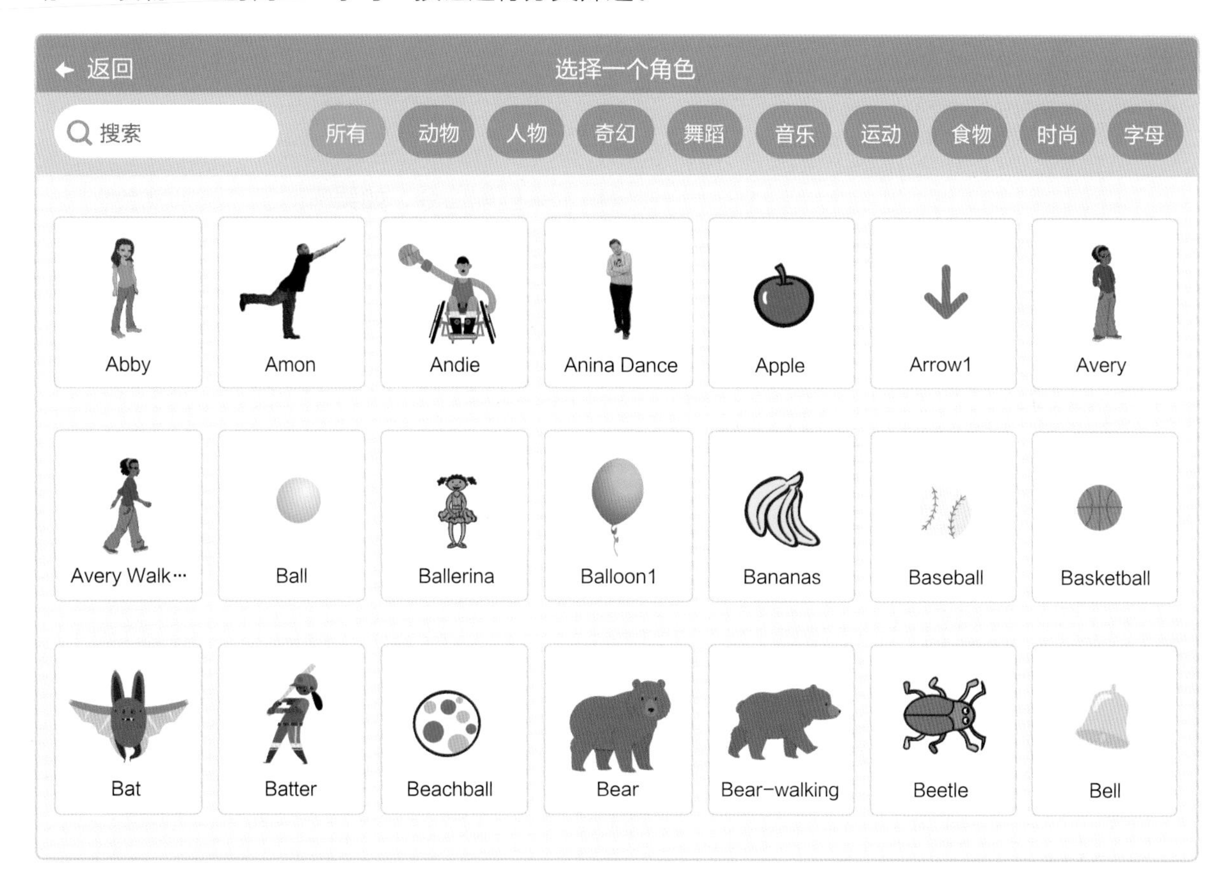

选择巫师角色。点击“人物”按钮，进入与人物相关的角色图库，找到名字为“Wizard”的巫师角色。你也可以在搜索框中输入“Wizard”关键词进行检索。

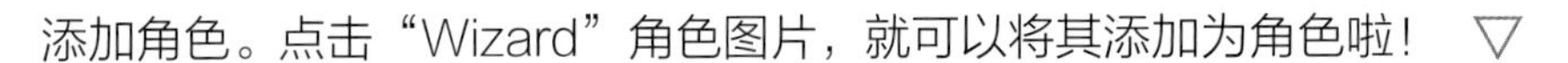

添加角色。点击“Wizard”角色图片，就可以将其添加为角色啦！ ▽

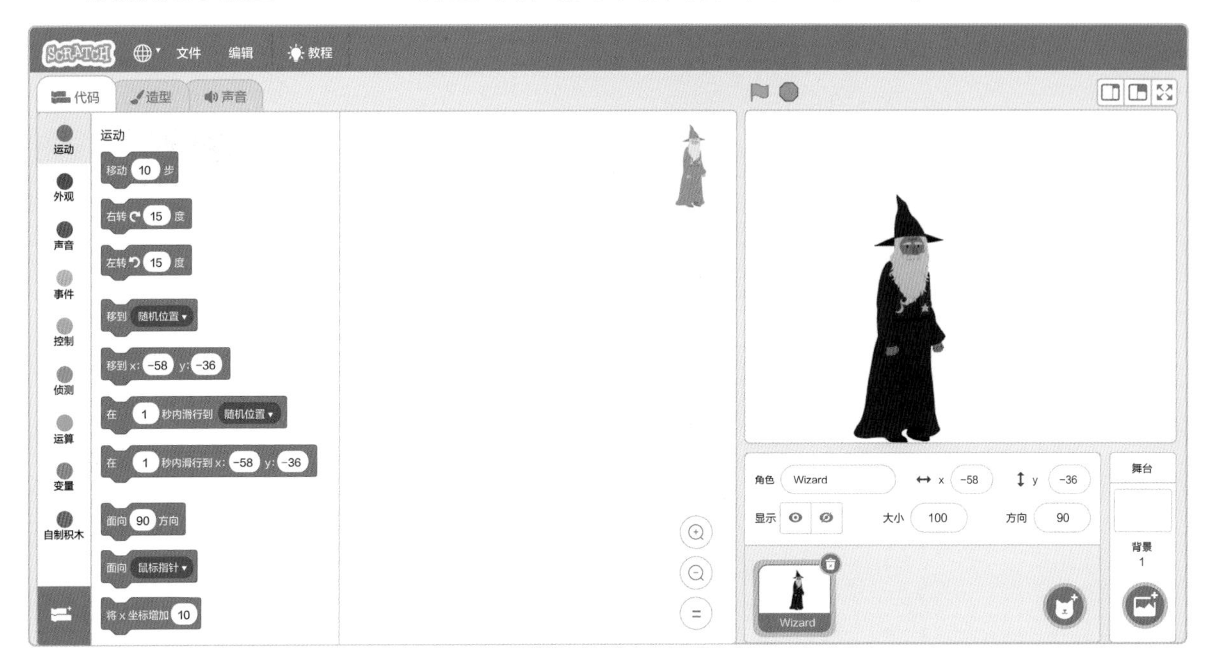

2 添加对话框

Scratch 提供了两种对话框，一种是让角色说话，不需要用户回答的简单对话框——“说 …… ”；另一种是需要用户输入答案的询问型对话框——“询问 …… 并等待”。

“说 …… ”代码积木

在“外观”类积木中可以看到 “说你好！ 2 秒”和“说你好！”两个积木。它们都能实现让角色说话的功能。二者的区别在于第一个是角色说完“你好！”2 秒后，对话框会消失；而第二个对话框不消失。把这两个积木分别拖曳到脚本区，然后点击这两个积木试试看吧！ ▷

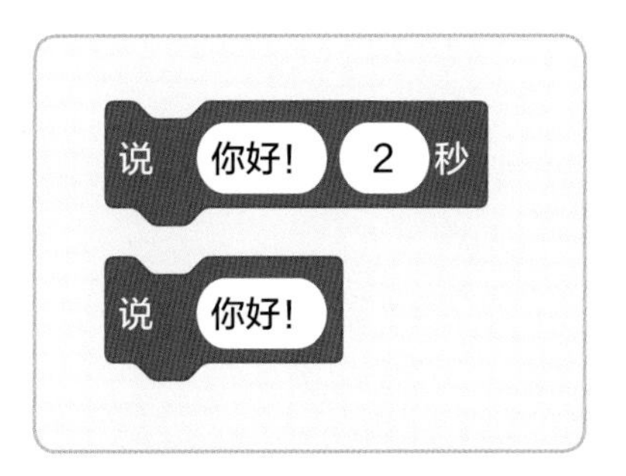

积木块中有文本框表示可以输入并修改内容。你可以在“说你好！”代码积木中，将“你好！”改成其他你想输入的文字，然后点击这个代码积木，看看效果吧！

“询问 …… 并等待”代码积木

在“侦测”类积木中，可以看到“询问 What's your name? 并等待”代码积木，它不但让角色说话，还需要用户与角色互动，回答相应问题。将其拖曳添加到脚本区，点击该积木，可以看到右侧舞台区巫师头上出现了一个对话框，内容就是“What's your name？”

细心的你一定发现了，在巫师的下方有一个文本框，就是用于输入回答的，可以把你的回答输入进去！ ▽

询问的内容可以在积木块的文本框中修改哟！在本次任务中，我们将文本框的内容“What's your name？”改为“请输入口令！”，巫师就会询问你口令了。 ▽

那巫师怎么知道你回答的内容是什么呢？询问积木块下面有一个“回答”代码积木，它会记录你回答的内容。

实际上，这个“回答”代码积木是一个变量，会随着你输入答案的变化而变化。如果你在文本框中输入“你好！”，那么这个 “回答”代码变量的值就是“你好！”；如果输入“￥%@#&&#@@@&*”，那么“回答”变量的值就是“￥%@#&&#@@@&*”。

【编程秘诀】变量

变量就是可以变化的量。我们可以将变量理解为像筐一样的容器。变量具有不同的类型，可以是数值型，那么筐里面装的就是数字；也可以是字符串类型，那筐里面装的就是字符串；也可以是一个角色，那筐里面就装着一个角色信息。这个筐里面的内容是可以修改的，也就是可以变化的。

3 匹配口令

如何判断口令是否正确？

我们要用刚刚的“回答”积木与正确口令进行比较。这里需要用到“运算”指令中的“比较相等”代码积木。

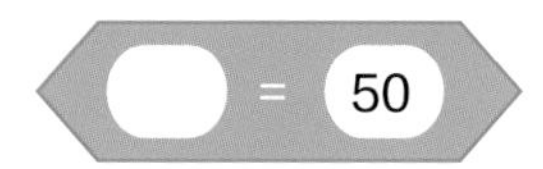

将答案口令和正确口令分别放在等号的两端。表示答案的口令就在刚才的“回答”代码积木中，我们将其拖曳至等号左边的空白椭圆框内，然后将巫师的口令（假设巫师的口令是“芝麻开门”）填写在右侧的白框内就好了。

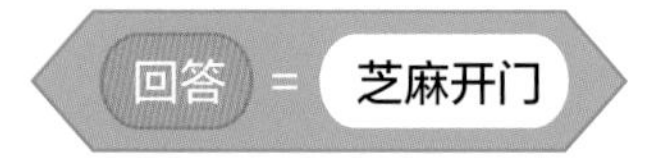

△ 利用“比较相等”代码积木实现匹配口令

如果口令匹配，巫师会提示“太棒了！”；如果不匹配，巫师会提示“答错了！”根据情境需要，添加“如果……那么……否则……”代码积木。这个积木在“控制”类积木中可以找到。将上面组合好的匹配口令积木块拖曳至六边形的条件框内，就添加好了条件。

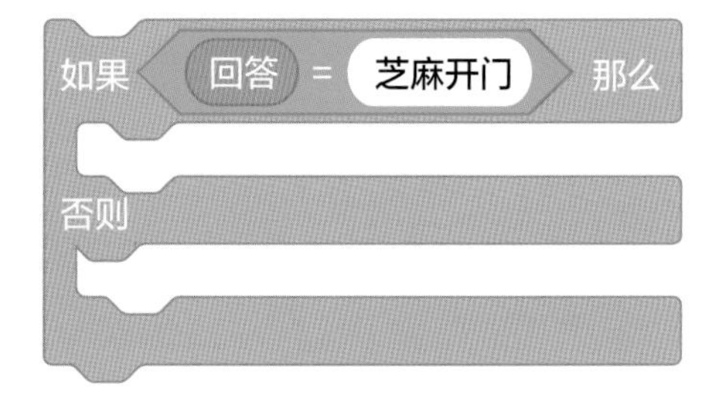

不管玩家输入的回答与口令“芝麻开门”是否匹配，巫师都会给出提示。使用“外观”类积木“说……”就可以了。拖曳两个“说……”积木块到脚本区，在白框中分别输入“太棒了！”和“答错了！”

将这两个说话积木分别放入条件判断积木“那么”和“否则”后的插槽中，作为判断条件成立和不成立时要执行的代码。

为了让代码执行时更明确，添加“当角色被点击”代码积木，表示当巫师角色被点击时，进行口令的询问，然后进行口令检验。“当角色被点击”积木块在“事件”类积木中可以找到。最终设置结果如右图所示。 ▷

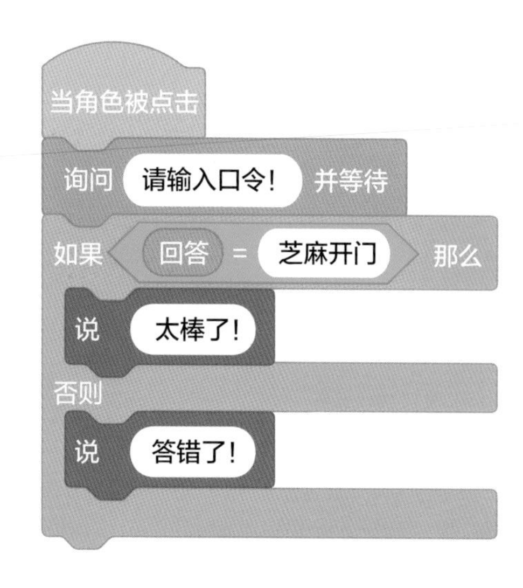

试试看，在舞台上点击巫师，弹出对话框：“请输入口令！”如果你在文本框中输入“芝麻开门”是什么结果？如果输入其他文字是什么结果？

4 记录输入次数

巫师说过，小壹只有 3 次输入口令的机会。如何记录输入的次数呢？下面，我们引入变量来表示计数。首先建立一个计数变量，用于表示输入的次数。

选择“变量”类指令，点击“建立一个变量”按钮。 ▷

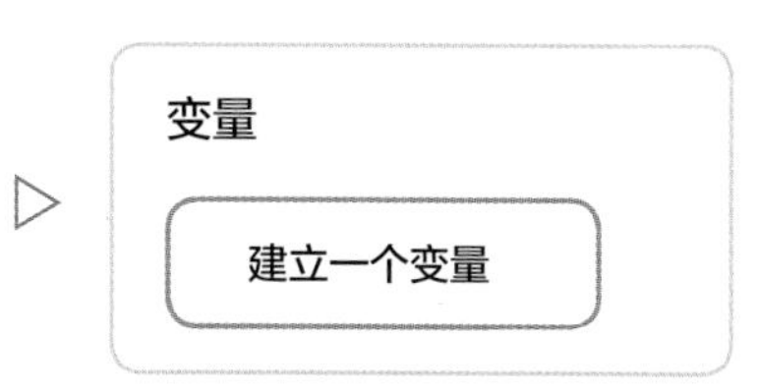

这时会弹出一个“新建变量”的对话框，我们可以创建一个变量，并设置它的作用范围。本次任务中，我们设置变量名为“计数”，作用范围可以选择为“仅适用于当前角色”。 ▷

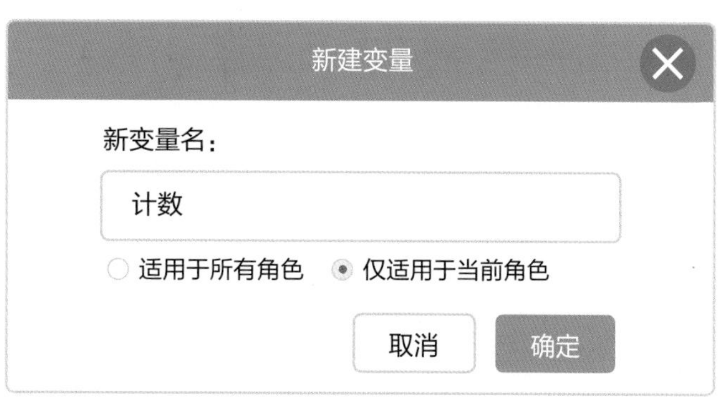

点击“确定”按钮以后，我们会在左侧的积木中发现一个名为“计数”的新变量。

设置计数变量的目的就是记录输入错误口令的次数。默认次数为 0 次，输入错误口令 1 次，就将计数加 1，如果计数达到了 3 次，就提示已经输入 3 次了，同时将计数重新设置为 0。

Scratch 提供了设置变量值的代码积木“将 …… 设为 ……”。

该积木“计数”后带三角符号，表示点击后会有下拉列表。点击一下阴影部分，你将看到下拉列表的内容。

将 计数 ▾ 设为 0

✓ 计数
我的变量
修改变量名
删除变量「计数」

默认“计数”变量前有一个“√”。第二项是“我的变量”，这是系统给我们提供的默认变量，我们可以不用它；第三项是“修改变量名”，表示可以修改变量的名称；第四项就是“删除变量「计数」”。

积木上白框中的数值表示设置变量的值是多少，默认为 0。本次任务中需要将计数器的初始值设置为 0，那么每次当程序开始时，也就是按钮被点击的时候，将计数器清零。因此，我们还需要添加一个“当被点击”的事件积木，它在“事件”类积木中可以找到，具体代码设置结果如下图所示。

当被点击
将 计数 ▾ 设为 0

每次口令输入错误的时候，需要将计数变量加 1，可以使用“将计数增加 1”的代码积木。

将这个代码积木拼接在口令输入错误之后的代码模块中，表示输入错误，计数器加 1。

当角色被点击
询问 请输入口令！ 并等待
如果 回答 = 芝麻开门 那么
说 太棒了！
否则
说 答错了！
将 计数 增加 1

其实，在每次点击巫师并要跟他对话之前都要判断是否已经输入了 3 次。如果是，巫师就要对你说“你已经输错了 3 次，请稍后再试！”，并将计数变量清零；否则可以继续输入，并对输入的口令进行判断。

因此，需要再添加一个“如果……那么……否则……”代码积木，并且在条件处添加一个判断积木，判断计数器是否等于 3。这里还用到“比较相等”积木，还记得吗？

你最后搭建的积木组合是右图这样吗？

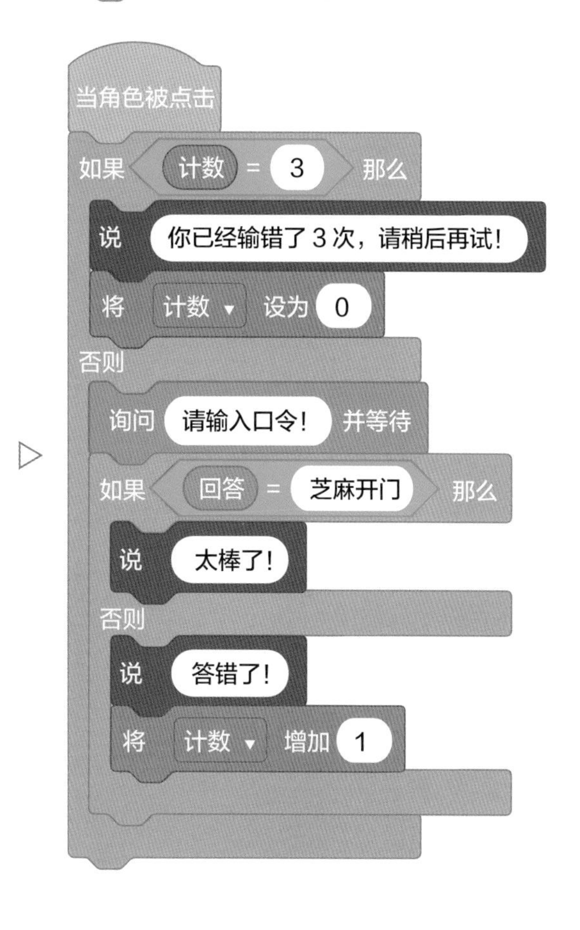

5 添加警报声音

为了增加程序的趣味性和真实感，我们可以设置当输入错误口令的次数达到 3 次时，程序发出警报声。

播放声音 Magic Spell ▾ 等待播完

Scratch 提供了“声音”类积木。点击“声音”类指令按钮，找到“播放声音……等待播完”代码积木，将其拖曳至脚本区。

点击该代码积木，听听是什么声音？默认声音并不是我们想要的警报的声音，如何替换声音呢？

▽ 点击界面左上方的“声音”选项卡，切换至声音编辑页面。

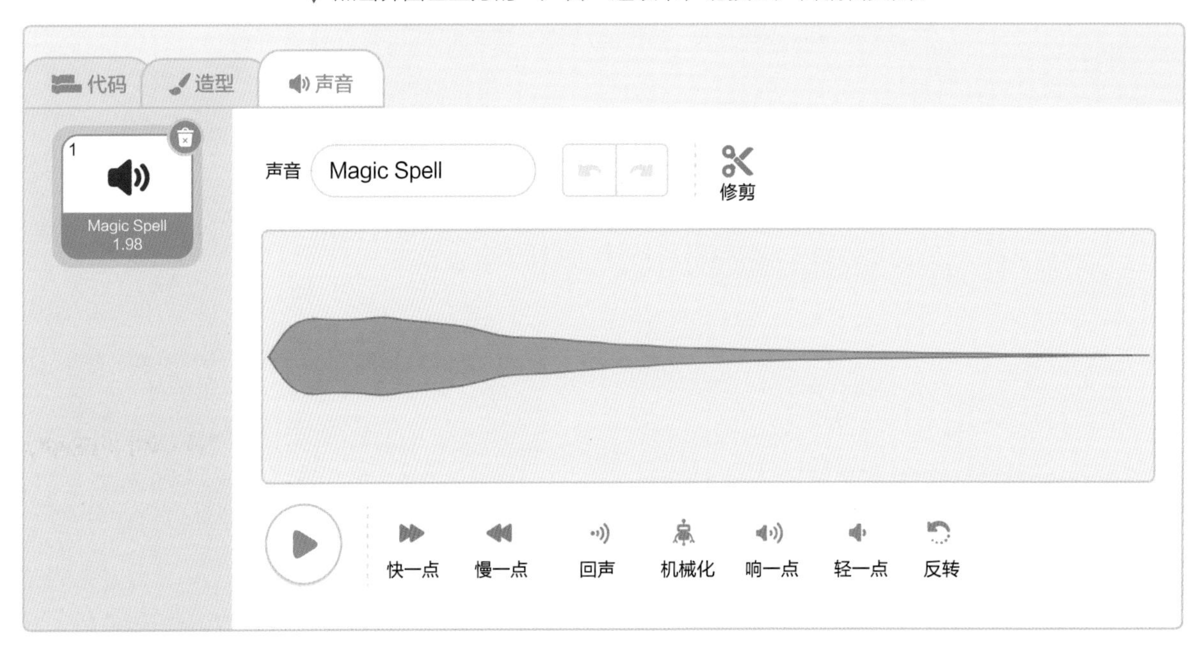

在左下角有选择声音的图标，跟添加角色和添加背景的方式类似，鼠标置于图标上，弹出声音编辑菜单。 ▷

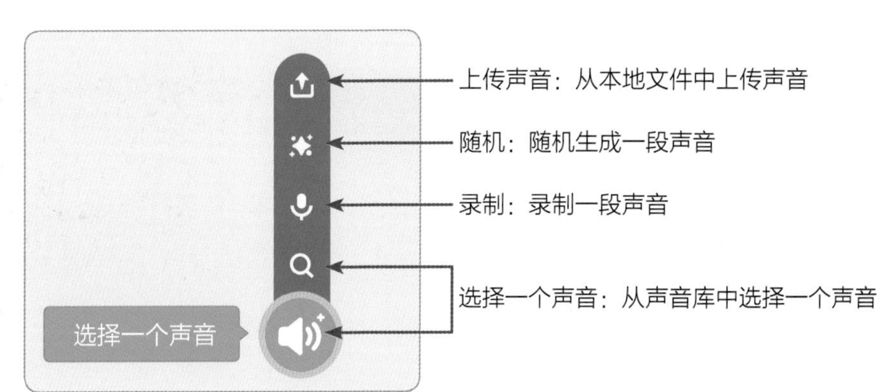

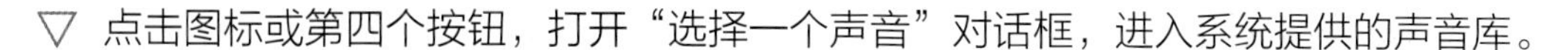

▽ 点击图标或第四个按钮，打开“选择一个声音”对话框，进入系统提供的声音库。

同角色库类似，它的左上角也有一个搜索框，右侧是声音类型筛选按钮，系统给我们提供了“动物”“效果”“可循环”“音符”“打击乐器”“太空”“运动” “人声” “古怪”九类声音。找到“Alert”警报音，点击它，就将其添加到程序的声音中了。▷

▽ 界面左侧的声音列表中现在有两个声音素材，一个是系统默认的Magic Spell声音，一个是刚刚添加的Alert声音。

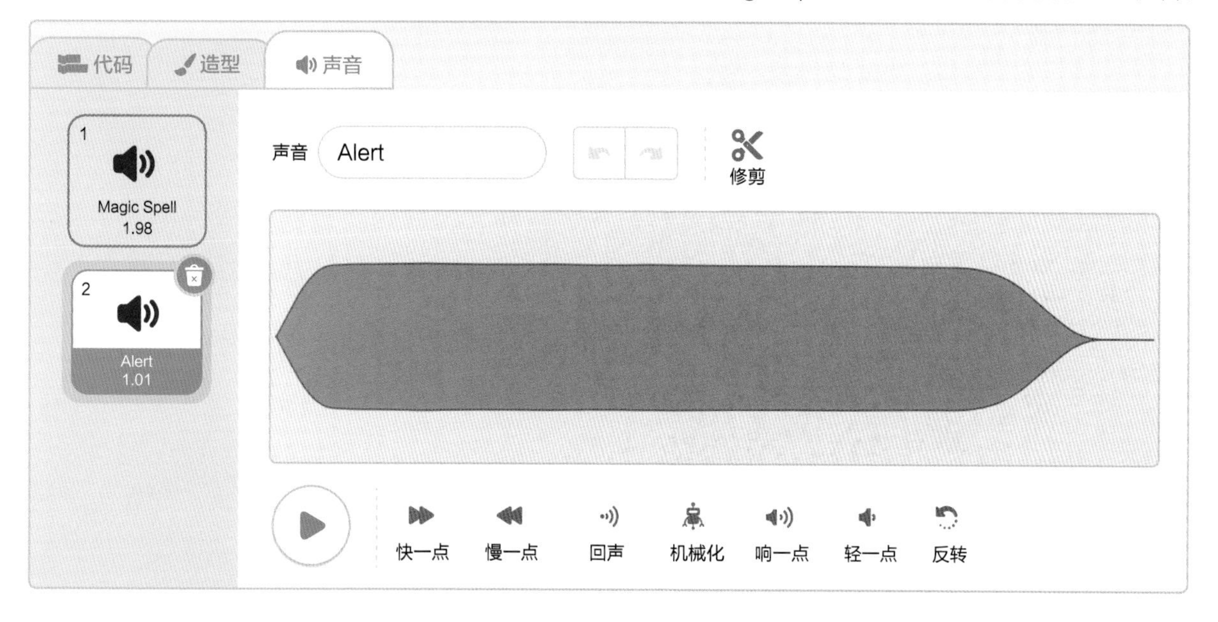

点击左上角“代码”选项卡，回到代码编辑页面，点击脚本区中“播放声音……等待播完”积木中的阴影部分，打开选择声音的下拉列表，选择刚刚添加的 Alert 声音。

点击听一听，声音是不是已经发生了变化？

将“播放声音 Alert 等待播完”代码积木放到巫师提示输错 3 次的代码积木的下面，我们的积木搭建就完成啦！

```
当角色被点击
如果 <(计数) = 3> 那么
    说 你已经输错了 3 次，请稍后再试！
    播放声音 Alert 等待播完
    将 计数 设为 0
否则
    询问 请输入口令！ 并等待
    如果 <(回答) = 芝麻开门> 那么
        说 太棒了！
    否则
        说 答错了！
        将 计数 增加 1
```

运行与优化

好了，让我们整理一下本次任务的程序代码吧！

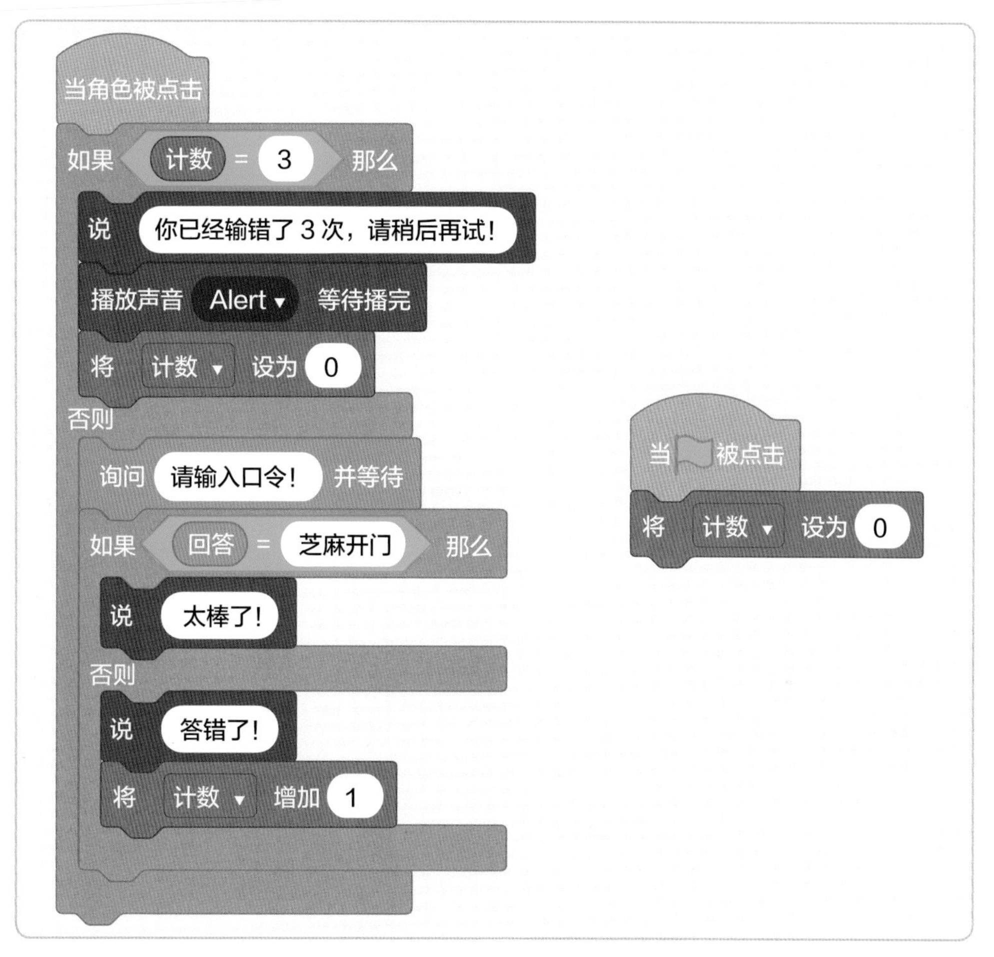

最终代码如上图所示。先点击 按钮，启动程序，然后点击巫师，尝试跟他对话吧！试试看说“芝麻开门”他会说什么？

【小贴士】

如果输入次数提示不对，很有可能没有在程序运行开始时将该变量清零。请认真对照上面的代码编写程序。

思维导图大盘点

提问——回答——答案匹配！哈哈，这次的编程游戏进行得很顺利嘛！
让我们用思维导图的方式，回顾一下这个编程任务是怎么完成的！

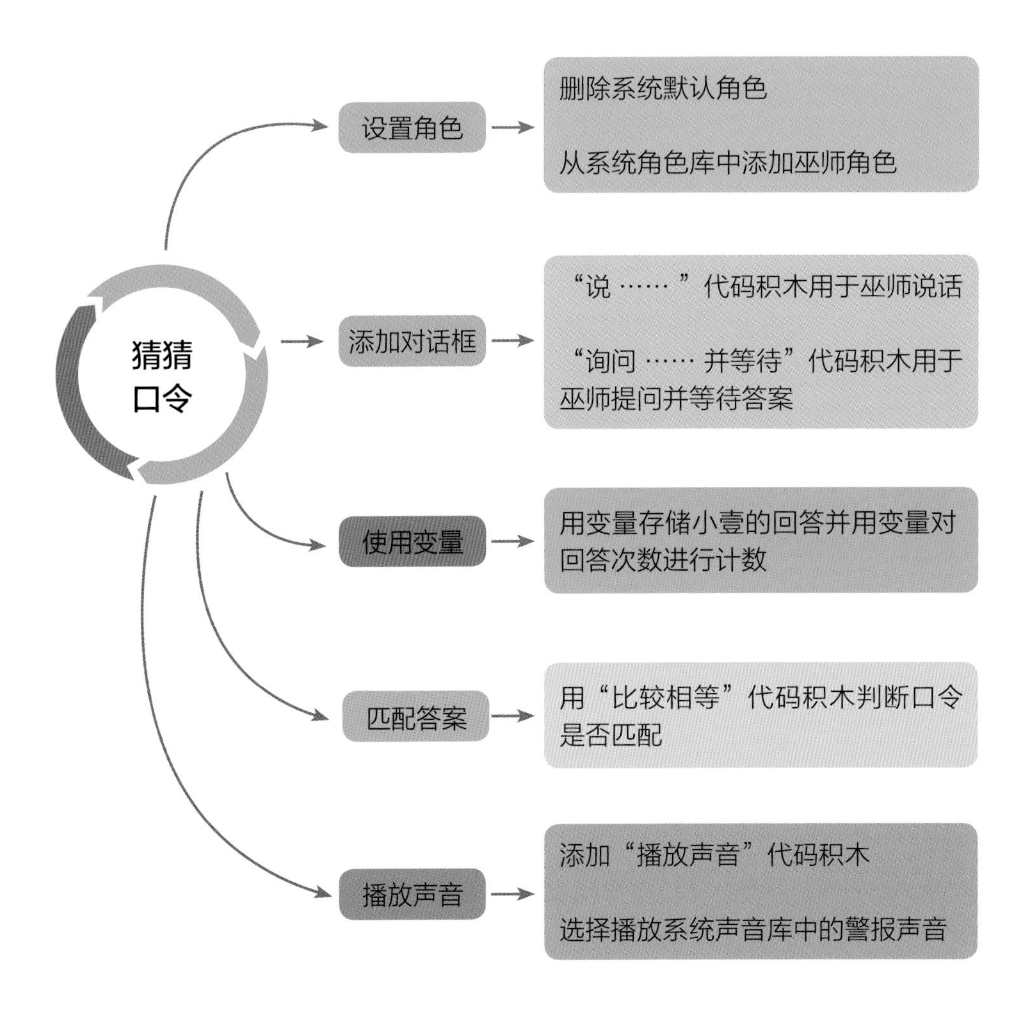

挑战新任务

恭喜你，终于破解了巫师的口令，不过巫师还带来了一个小精灵，它说也要对口令。请你想想怎么应对它吧？（偷偷告诉你，它的口令是：吃葡萄不吐葡萄皮！）

3

弹奏《欢乐颂》

解锁新技能

- 添加键盘事件
- 用键盘弹奏音乐

终于通过巫师这一关了！巫师信守诺言，不仅将小壹的黑魔法解除了，还送给他一台小电子琴。电子琴上还有一张看起来像乐谱的纸条。

纸条上面写着：3 3 4 5 | 5 4 3 2 | 1 1 2 3 | 3·2 2 - | 3 3 4 5 | 5 4 3 2 | 1 1 2 3 | 2·1 1 - |。

巫师说："孩子，弹首曲子吧！我们这里寂静太久了！"

小壹尝试弹了一下，发现电子琴还不能发声。快来用 Scratch 帮助小壹让电子琴演奏出美妙的音乐吧！

领取任务

怎么让电子琴发声呢？给每个琴键关联上不同音调的声音是不是就可以了？将键盘上的 1、2、3、4、5、6、7、8 八个数字键与电子琴音色的 do、re、mi、fa、sol、la、si、高音 do 八个音相对应，这样就能根据乐谱弹奏出音乐了。

下面，打开 Scratch 编辑器，感受一下用编程演奏音乐的乐趣吧！

一步一步学编程

1 设置角色

首先，将系统默认的小猫角色替换成电子琴的角色，可以从角色库中选取。

删掉系统默认角色

在角色区找到名为“角色 1”的小猫图案，点击右上角的删除按钮，删除它。

添加“电子琴”角色

打开角色库。将鼠标指向角色区右侧的小猫头像图标，图标由蓝色变成绿色，同时弹出含有四个按钮的更改角色菜单，直接点击图标或者点击第四个按钮“选择一个角色”。▷

打开“选择一个角色”对话框，进入角色库。▽

选择电子琴角色。点击“音乐”类按钮，进入与音乐有关的角色图库，找到“Keyboard”。▷

添加角色。鼠标点击“Keyboard”图片，将其添加为角色。▷

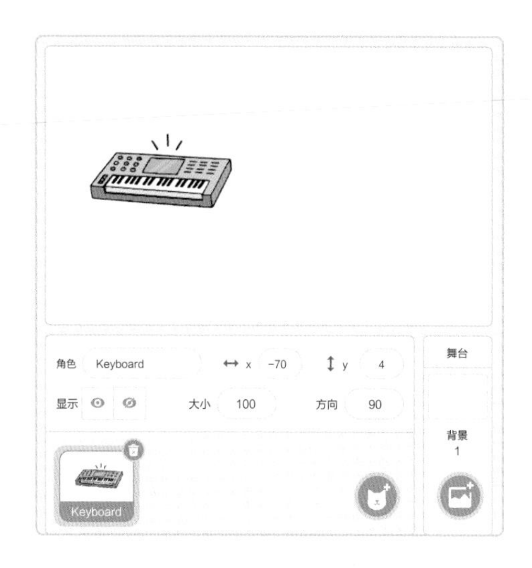

2 添加声音

添加电子琴角色之后，点击左上角的“声音”选项卡，可以看到系统自动导入了电子琴的声音资源。▽

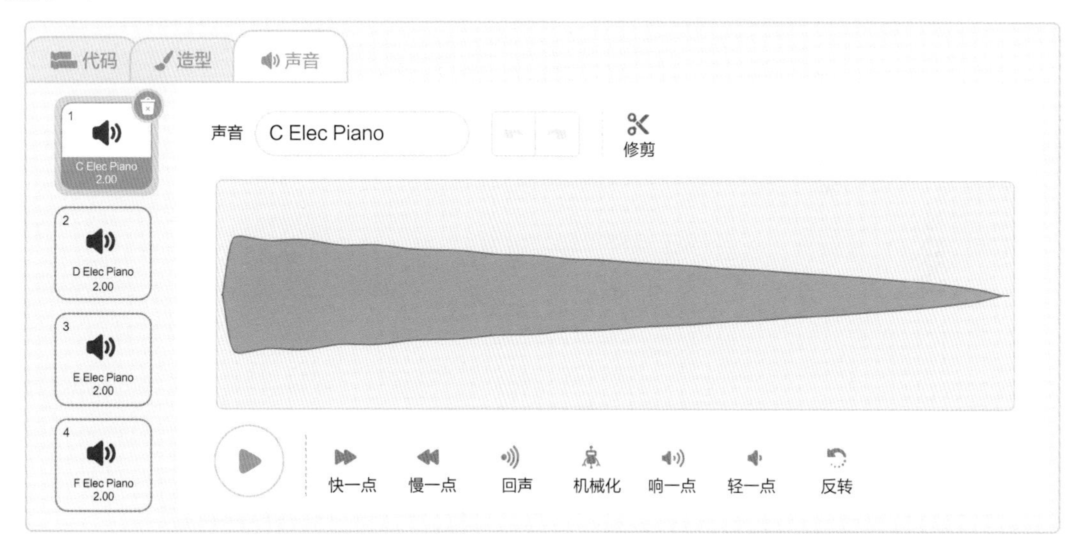

点击“代码”选项卡，回到代码编辑界面。点击“声音”类指令按钮，在积木中我们看到有“播放声音……等待播完”和“播放声音……”代码积木。▷

“播放声音……等待播完”代码积木表示此声音未播放完之前不能播放其他声音；“播放声音……”代码积木表示声音的播放随时能够打断。这里选用第二个积木。积木中默认的“C Elec Piano”对应电子琴的 do 音。将“播放声音……”代码积木拖曳至脚本区，点击该积木听一听，是不是可以播放出 do 音？

那如果想发出 re 音怎么办？

点击“C Elec Piano”所在的阴影部分，弹出下拉列表，更多声音出现啦！ ▷

播放声音 C Elec Piano ▾

✓ C Elec Piano
D Elec Piano
E Elec Piano
F Elec Piano
G Elec Piano
A Elec Piano
B Elec Piano
C2 Elec Piano
录制…

“D Elec Piano”对应的是 re 音，“E Elec Piano”对应的是 mi 音，“F Elec Piano”对应的是 fa 音，“G Elec Piano”对应的是 sol 音，“A Elec Piano”对应的是 la 音，“B Elec Piano”对应的是 si 音，“C2 Elec Piano”对应的是高音 do 音。

我们添加八个“播放声音……”代码积木，分别设置成 do、re、mi、fa、sol、la、si、高音 do 八个声音。 ▷

3 关联数字键盘

模拟电子琴弹奏键盘的功能，就是将键盘上的数字 1 对应 do 音，将数字 2 对应 re 音……数字 8 对应高音 do 音。

如何添加键盘事件呢？

在代码区，点击“事件”类指令按钮，出现“当🏳被点击”“当按下空格键”“当角色被点击”等积木。这里我们使用“当按下空格键”积木。

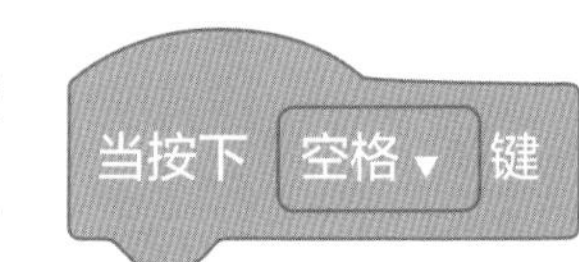

将“当按下空格键”代码积木拖曳到脚本区，拼接到“播放声音 C Elec Piano”积木上方。然后按下空格键，听听会发生什么吧？是不是播放了 do 音？

如果想按下数字键 1 时播放 do 音怎么做呢？

有没有注意到“当按下空格键”积木也是有三角符号的？

点击“空格”所在的位置，弹出下拉列表，有多个键盘按键可供选择，默认的是空格，还有方向箭头、任意键、小写字母、数字键等。

选择 1，然后将其与“播放声音 C Elec Piano”积木拼在一起就可以了。

同理，re 音对应数字键 2，与“播放声音 D Elec Piano”积木拼接在一起，……一直到 8 与“播放声音 C2 Elec Piano”积木拼接在一起就可以啦！

▽ 拖曳右侧的滑块到底部，就能找到数字 0~9 了。

运行与优化

本次任务的代码比较简单，刚才在操作阶段就已经完成啦！最终代码如下图所示。

运行一下，尝试弹一弹巫师的乐谱吧！

熟悉这首曲子的同学一定听出来了，这就是那首欢快又好听的《欢乐颂》！

【小贴士】

选择角色库中不同的乐器，关联的声音是不一样的！如果你是从本地上传的乐器图片，那么关联的音乐也需要自行添加，操作方法是：进入“声音”选项卡，导入声音素材。感兴趣的话请你也试一试吧！

思维导图大盘点

画一张思维导图，回顾一下这个编程任务是怎么完成的吧。

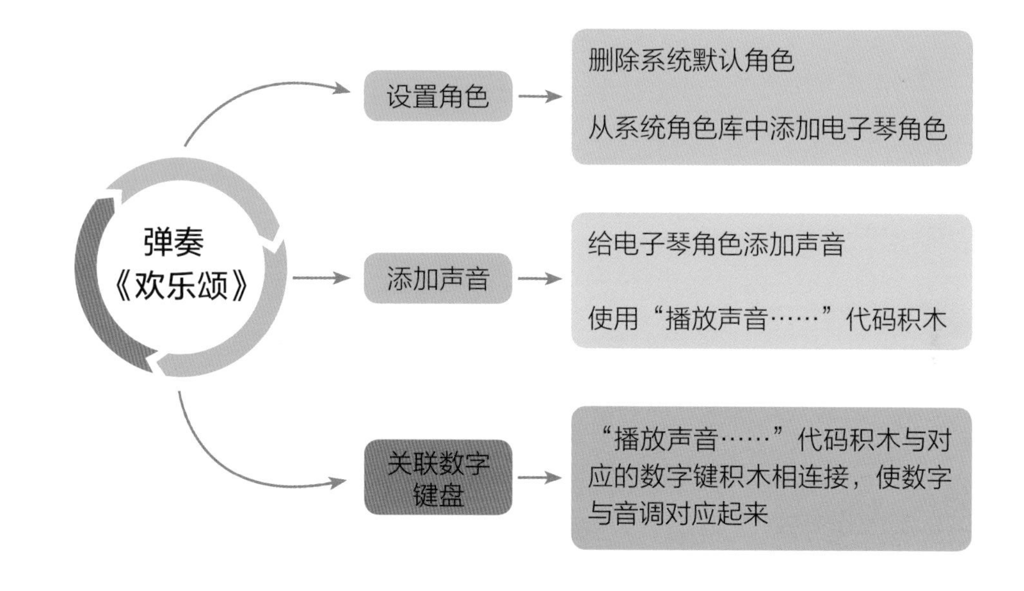

挑战新任务

音乐果然能给人带来快乐。灌木丛旁边还有一把小吉他，试试看能不能让它也发出美妙的声音吧！

奇怪的新朋友

解锁新技能

- 修改和切换角色造型
- 新建列表
- 访问列表元素
- 复制代码

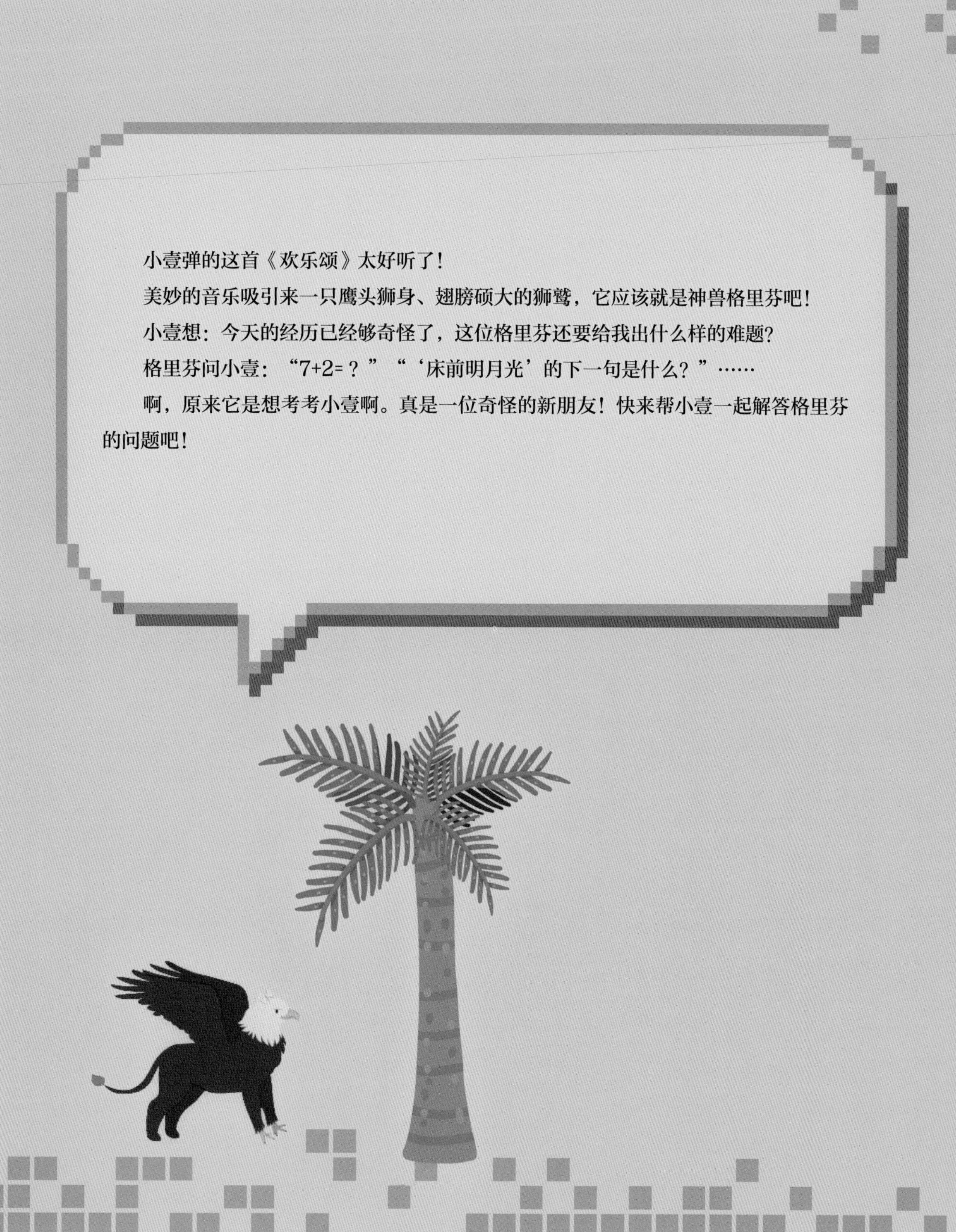

小壹弹的这首《欢乐颂》太好听了！
美妙的音乐吸引来一只鹰头狮身、翅膀硕大的狮鹫，它应该就是神兽格里芬吧！
小壹想：今天的经历已经够奇怪了，这位格里芬还要给我出什么样的难题？
格里芬问小壹：“7+2=？”“‘床前明月光’的下一句是什么？”……
啊，原来它是想考考小壹啊。真是一位奇怪的新朋友！快来帮小壹一起解答格里芬的问题吧！

领取任务

今天的神兽格里芬看起来有很多问题要问，想要把问题都装起来该怎么做呢？有一种新的数据结构——列表。我们将用它来保存这些问题和对应的答案，然后让格里芬能够根据列表的内容进行提问，并对用户的回答进行检验。

好啦！打开 Scratch 编辑器，我们要开始咯！

一步一步学编程

1 设置角色

第一步将系统默认的小猫角色替换成格里芬的角色，格里芬角色我们仍然从角色库中选用。

删掉系统默认角色

在角色区找到名为“角色 1”的黄色小猫图案，点击右上角的删除按钮 ，删除它。

添加“格里芬”角色

打开角色库。点击角色区右侧的小猫头像图标，弹出“选择一个角色”对话框，找到名称为“Griffin”的图片。

添加角色。鼠标点击名称为“Griffin”的格里芬角色图片，将其添加为角色。

2 修改角色造型

系统提供的格里芬自带四种造型。

点击左上角“造型”选项卡，切换到造型编辑界面，鼠标点击左侧每个造型图片，可以对该造型进行查看或编辑。

本例中我们选用格里芬的第二个造型，即翅膀收起的这种。

不过，第三个造型中的格里芬表情特别好，笑眯眯的。如果想让第二个造型的表情也改成笑眯眯的怎么做呢？

这还真能做到。Scratch 允许我们在系统提供的造型基础上进行二次创作。在左侧造型列表中，选择“Griffin-c”，进入对格里芬第三个造型的编辑页面。

鼠标点击格里芬第三个造型的头部，我们会发现变成了蓝色的选中状态。选中的部分是可以编辑修改的，用格里芬第三个造型笑眯眯的头部图形替换第二个造型的头部图形就可以了。

◁ 选择好格里芬第三个造型的头部图形，包括表情、耳朵和嘴巴。这里支持拖曳鼠标进行框选，也可以一边按住键盘上的 Shift 键，一边点击进行多选。

选好之后，点击上方工具栏中的“复制”按钮，将所选部位复制下来（复制到系统的剪贴板上，这一步看不到效果），为后面粘贴到第二个造型上做准备。▽

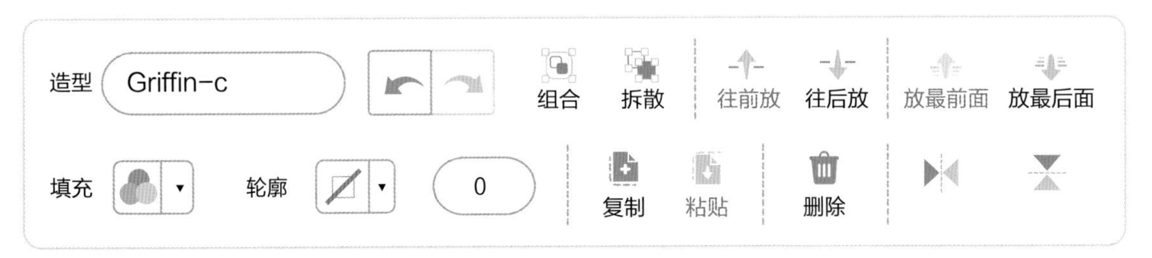

◁ 在左侧造型列表中，选择“Griffin-b”，切换到格里芬的第二个造型的编辑页面。我们将其头部图形选中并删除。

点击工具栏中的“粘贴”按钮，将刚刚复制的第三个造型的笑眯眯的头部图形粘贴到收起翅膀的身子上面。这里我们可以用键盘上的方向键适当调整一下头部的位置，让它能够与身体完美地组合在一起。▷

调整好之后，我们保留格里芬的第二个造型，其他三个造型在本程序中用不到，可以删除。如果不删除的话，在后面使用的时候，需要明确选择造型。这里将用到造型切换积木。点击“代码”选项卡，切换到代码编辑状态，点击左侧“外观”类指令按钮，选择其中“换成……造型”代码积木，将其拖曳至中间脚本区域。

点击积木上的阴影部分，在弹出的下拉列表中选择“Griffin-b”，切换造型。

将这个代码积木与“当被点击”的“事件”类代码积木拼接，表示当点击按钮，程序开始运行时，将角色造型切换成第二个造型。

3 建立列表

在本次任务中，格里芬要提问的问题有很多个，我们需要用列表将其保存起来，同时对应答案用列表这个结构来进行组织。可能现在列表对你来说还是一个陌生概念，没关系，我们先用起来，在用中学！

首先，创建一个“问题”列表，列表积木在“变量”类积木中。

点击左侧“变量”类指令按钮，找到“建立一个列表”按钮并点击它。

建立一个列表

新建列表

新的列表名：

问题

适用于所有角色　仅适用于当前角色

取消　确定

弹出“新建列表”对话框，设置列表名称为“问题”，点击“确定”按钮。

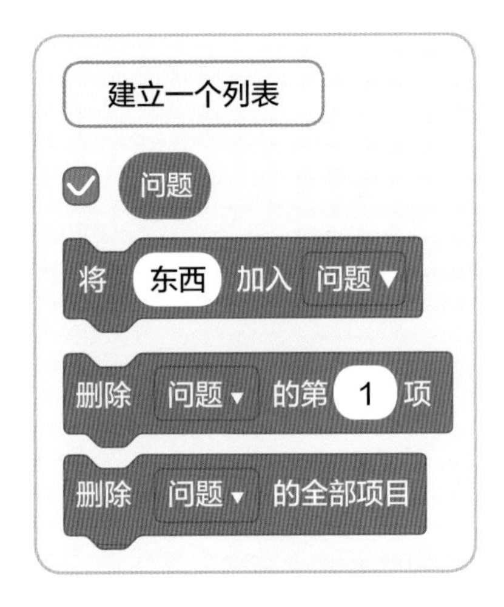

创建完毕之后，指令区出现了“问题”列表积木，其他代码积木也发生了变化，均与“问题”列表产生了关联。

接下来，再创建一个“答案”列表。

添加方法同创建“问题”列表一样，只需将列表名设置为“答案”即可，用于保存用户输入的答案。

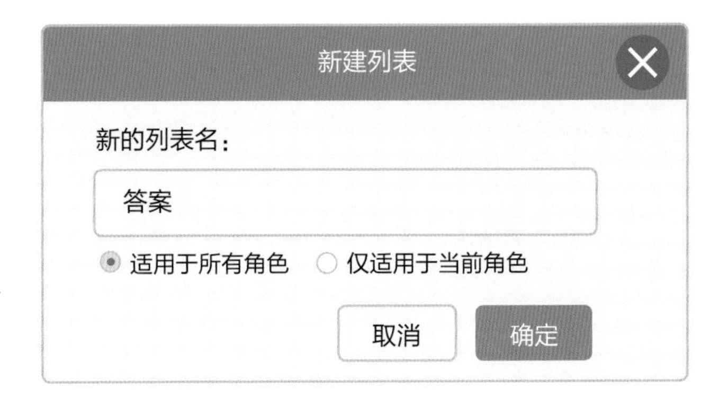

接下来，我们需要设置一系列问题和答案，并将其分别添加到“问题”和“答案”列表当中。

比如“7+2=？”是问题，那么“9”就是对应答案，需要同时保存起来。这里需要用到“将东西加入……”代码积木。

将白框中的“东西”改成“7+2=?”，点击“答案”所在的位置，选择列表名称为“问题”，这里表示将问题“7+2=？”添加到“问题”列表里。然后与脚本区之前的积木组合拼接到一起。

同理，添加“9”到“答案”列表中，这就实现了添加问题和答案的功能了。

▽ 下面我们可以适当多加几个问题。

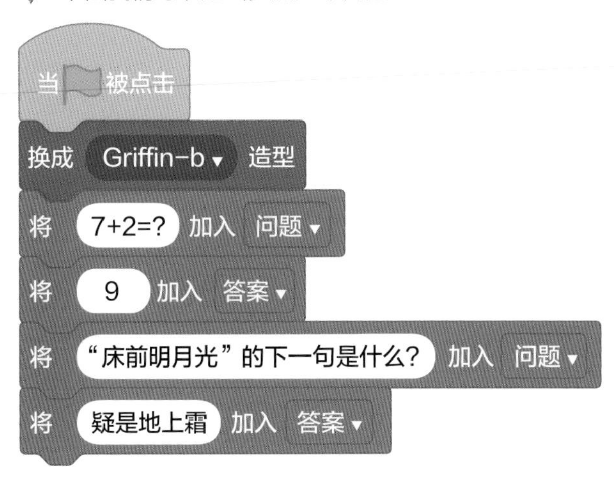

建立了列表之后，我们发现右侧的舞台上出现了两个空白的容器：列表。它们用来记录刚才设置的“问题”和“答案”的内容。▷

▽ 尝试一下，点击按钮，列表中就会自动添加内容了。

如果点击两遍▶按钮，列表中的内容就会又出现两次。 ▽

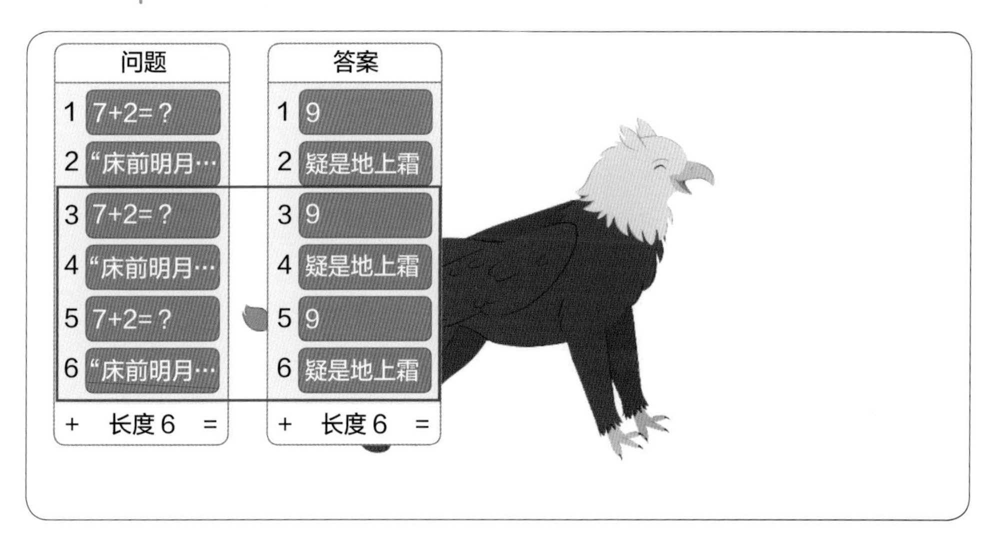

如果想删除多余的问题或者答案，可以直接在舞台区的运行界面上删除。用鼠标点击想要删除的问题或答案，再点击弹出的删除按钮就可以了。 ▽

当然，也有每次启动程序时，先删除全部问题或者答案的方法。我们回到指令区，从“变量”类积木中找到“删除……的全部项目”代码积木，并把它拖曳到脚本区，插到小绿旗事件积木的下面。这样，每次启动之后，会先将列表内容清空。

删除 答案▾ 的全部项目

因为“问题”列表和“答案”列表都需要清空，所以我们需要添加两个“删除……的全部项目”代码积木，并将其中一个的列表名称修改成“问题”，另一个列表名称改成“答案”，具体设置结果如右图所示。

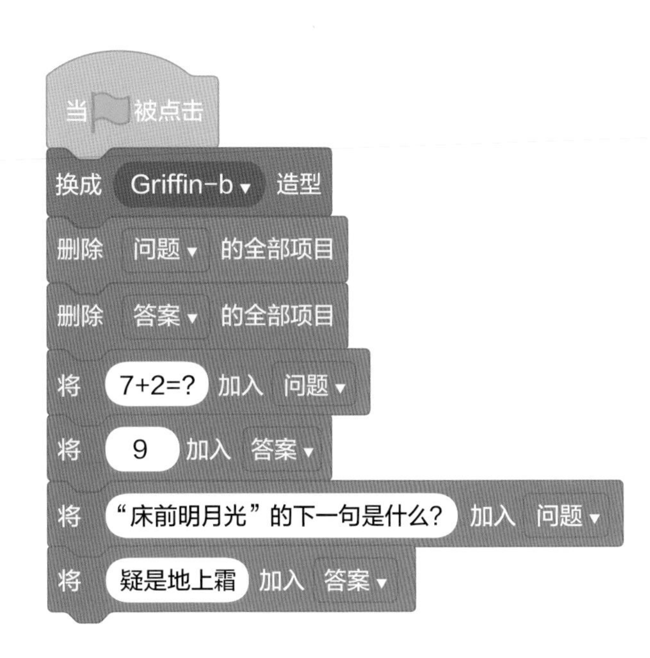

每次程序启动之后，先将角色的造型选定为第二个 Griffin-b 造型，并清空“问题”列表和“答案”列表，然后添加问题和答案，这样就不会在列表中重复添加数据项了。

4 创建问答对话

格里芬会根据列表中的问题依次对小壹进行提问，然后验证小壹的回答是否正确。那么如何提取列表中的内容呢?

在“变量”类指令中，可以找到“……的第……项”代码积木。右图左边的积木表示“答案”列表的第 1 项。如何表示“问题”列表的第 1 项呢? 对了，点击“答案”所在的位置，在弹出的下拉列表中，将“答案”替换成“问题”。

现在试试让格里芬提问题吧，还记得怎么做吗? 对了，选用“侦测”类指令下面的“询问……并等待”代码积木。

询问的内容如果是“问题”列表中的第 1 项，就将 “问题的第 1 项”代码积木拖曳到“询问……并等待”积木上的白框中。

执行代码，格里芬就开始提问了（舞台上的答案列表框有点儿遮挡格里芬，可以将它拖曳到空白处）。▷

你可以在下面的文本框中输入答案，然后格里芬还要对你的回答进行判断。

我们需要给格里芬添加一个比较代码积木和一个获取答案第 1 项的代码积木，跟"回答"的代码积木做比较。

如果答对了，格里芬要说"太棒了！"如果答错了，格里芬要说"答错了！"因此，我们还需要一个"如果……那么……否则……"代码积木和两个"说……"代码积木，说的内容分别是"太棒了！"和"答错了！" ▷

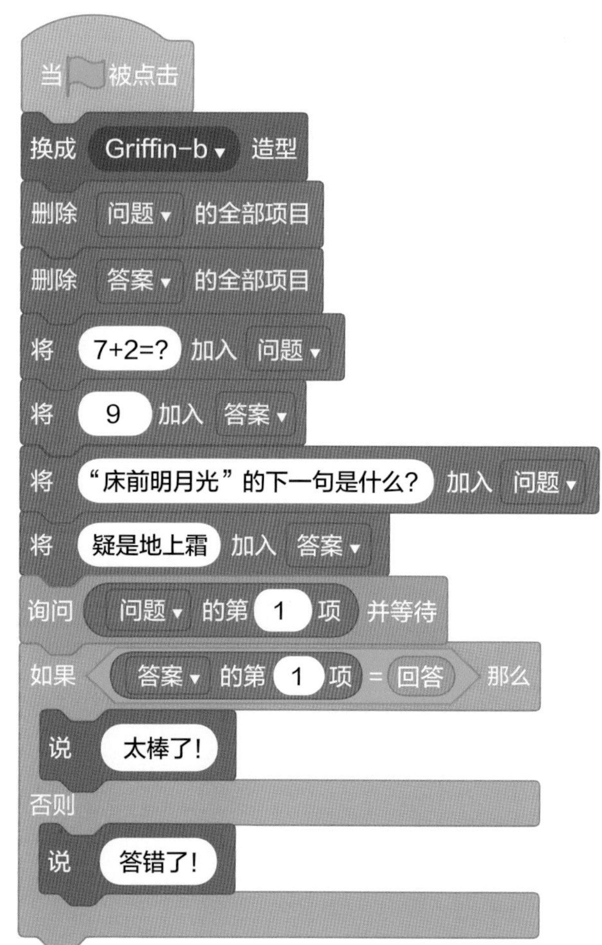

刚解决了列表的第 1 项的问题，那么第 2 项问题怎么做呢？重新查找添加那么多代码积木还是很麻烦的！这里教你一个复制代码的功能。

用鼠标右键点击待复制积木组最上方的那个代码积木，在弹出的快捷菜单中选择“复制”按钮。▷

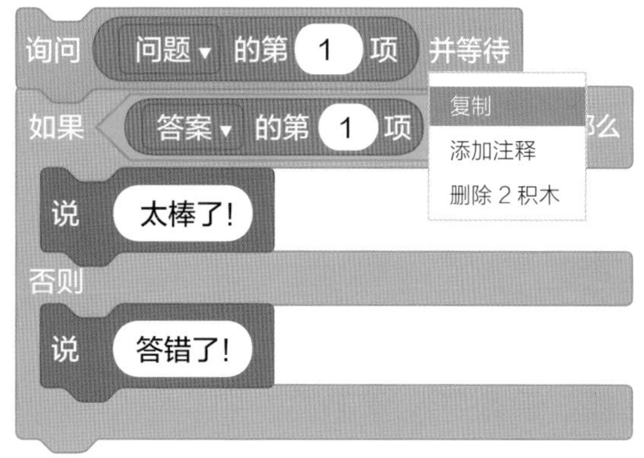

刚刚选择的代码积木及下面的代码积木就会复制一份出来，跟随鼠标移动。▽

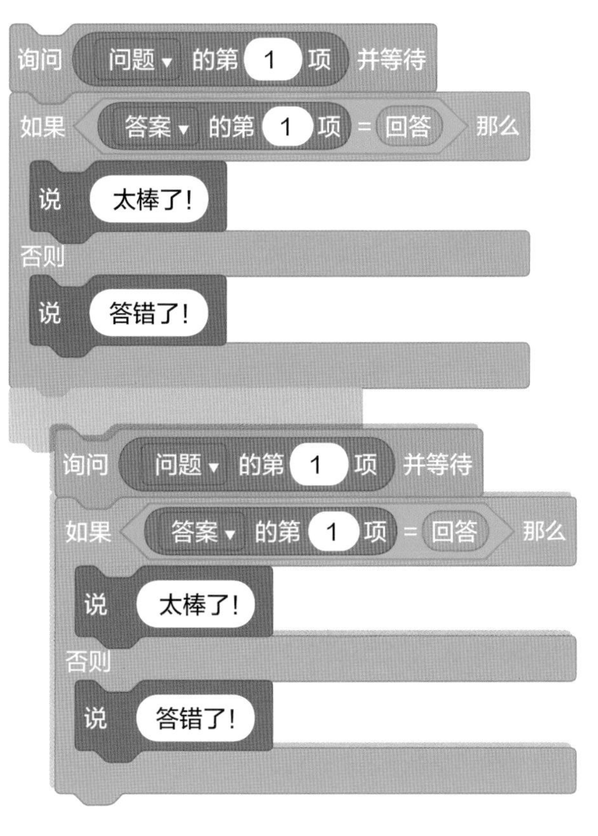

鼠标在哪里点击，这个被复制出来的积木组合就会自动落在哪里，当然也可以与之前的代码模块进行连接组合。▽

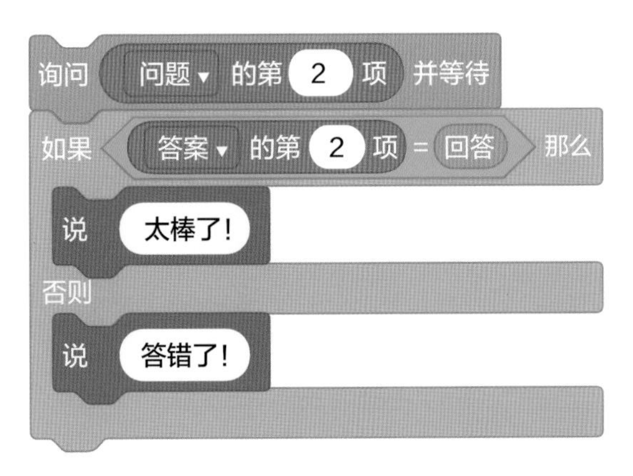

然后，将复制出来的这段代码修改为我们想要的。将“问题的第 1 项”数字改为 2，表示第二个问题；将“答案的第 1 项”数字改为 2，表示第二个答案。

试运行一下程序，看看格里芬能连续提问了吗？能倒是能，但是它的判断能力好像出了问题，似乎没有看到它对第一题的判断结果就开始问第二个问题了！但是它对第二个问题就能正常做出判断，为什么呢？

好像是太快了！对，一定是太快了！那么我们就想办法让它等一等再问下一个问题吧！

在“控制”类积木中有个“等待 1 秒”代码积木。将它拖到脚本区，放在第一个提问的下面。再试运行一下程序，看看效果如何吧。

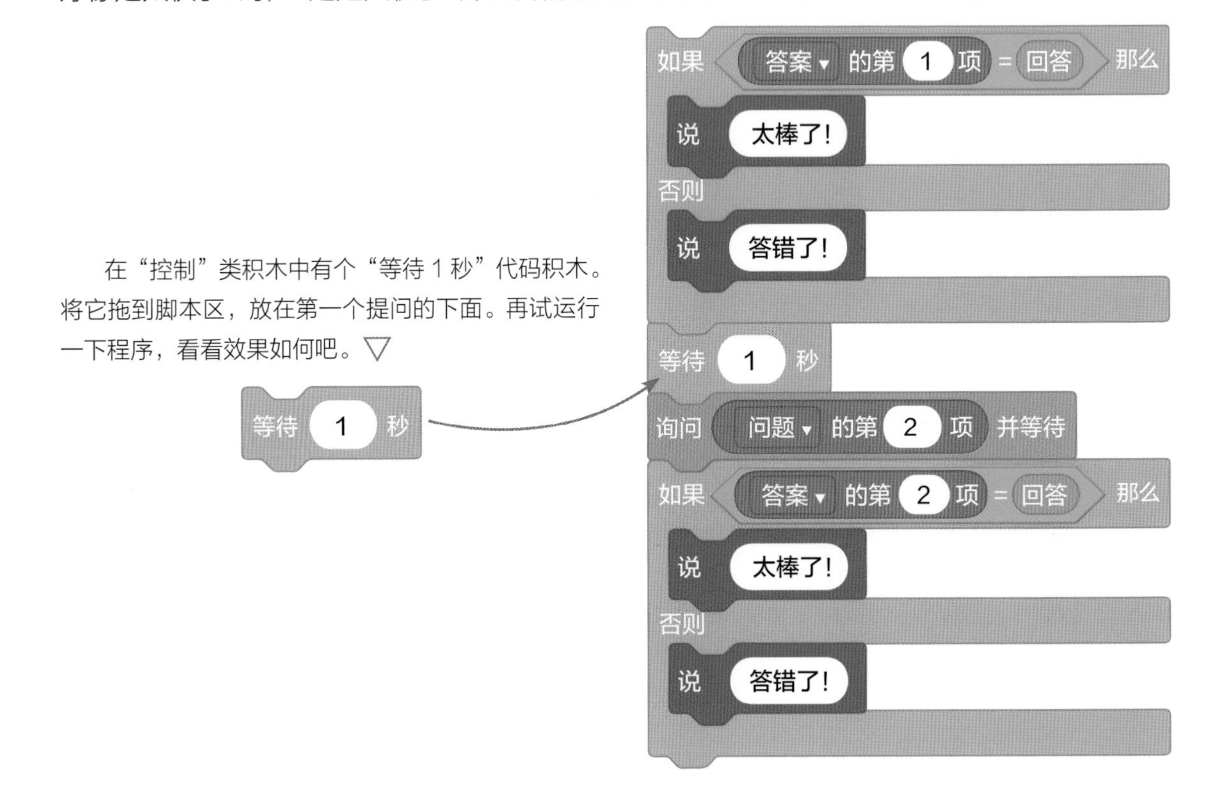

这次是不是好多了？格里芬能思考一下再问下一个问题了！

5 变量访问列表选项

大家想想，如果列表中有三个问题和三个答案呢？你一定会说按照刚才的方式再操作一遍呗！但如果是四个、五个、六个甚至更多个呢？你一定也会说，我会复制代码了，也不是很麻烦！可你忘记循环代码积木了吗？那块积木更好用哟！

在“控制”类积木中找到“重复执行……次”代码积木，拖到脚本区。那么应该循环多少次呢？问题列表有多长、有几个问题，就要循环多少次。如何快速计算列表的长度呢？Scratch 专门提供了这样的代码积木，在“变量”类积木中有一个“……的项目数”代码积木。

答案 ▾ 的项目数

要想获得问题列表的项目数，将“答案”修改成“问题”就可以了！把它作为循环执行的次数，放到“重复执行……次”积木上的白框里。

用完成的循环代码积木组合包住提问和判断代码模块，自动重复执行动作。▷

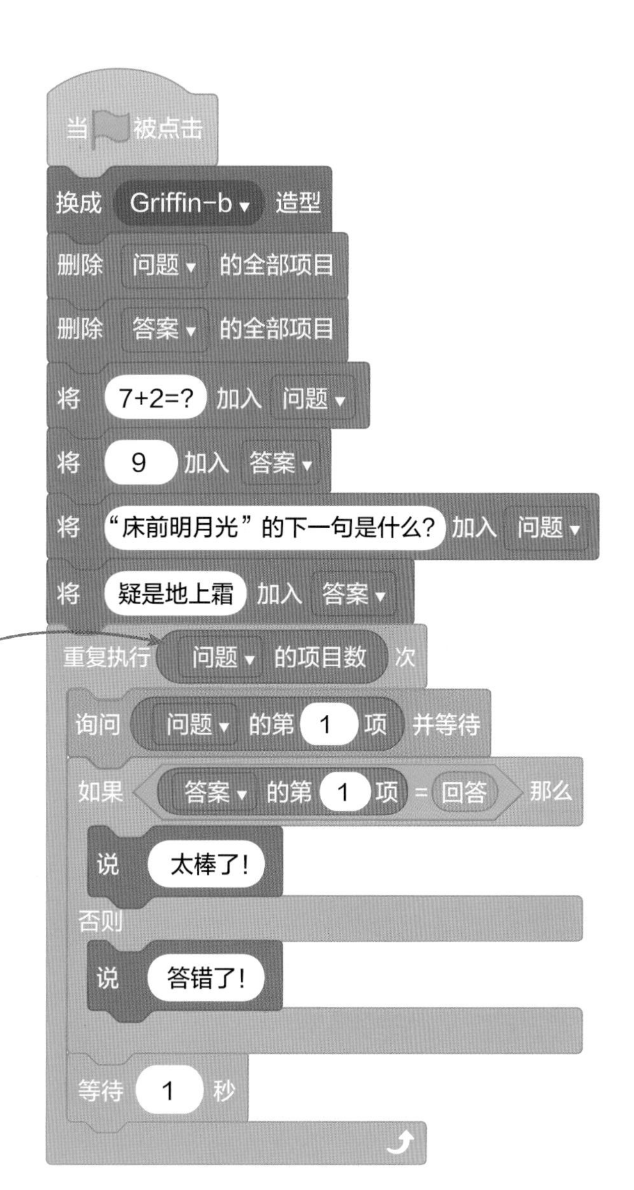

现在试运行一下代码，你是不是发现问题了？格里芬怎么每次都是问第一个问题呢？问题在这里！每次都在询问问题列表的第一项，所以运行结果当然都是问第一个问题啦！

可以尝试使用变量来进行控制。新建一个叫“计数”的变量，让它来表示列表的第……项，初始值是 1，每次提问之后，将变量内容加 1，这样我们就可以利用这个计数变量动态获取列表中的内容了。

建立一个变量

第一步，新建计数变量。在“变量”类积木中找到并点击“建立一个变量”按钮，新建变量。新变量名设置为“计数”。 ▽

第二步，将计数变量置 1。添加“将……设为……”代码积木，将计数变量设置为 1，将其插入到“当🏳被点击”积木下方，表示每次程序启动之后，计数变量初始值都为 1。

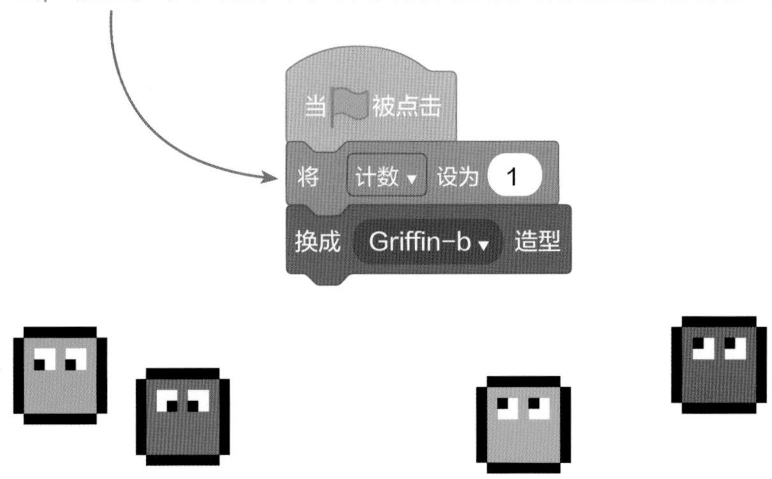

第三步，利用计数变量获取列表项。将计数变量积木拖曳至“问题的第 1 项”和“答案的第 1 项”积木的白框内，利用计数变量来获取列表项。 ▽

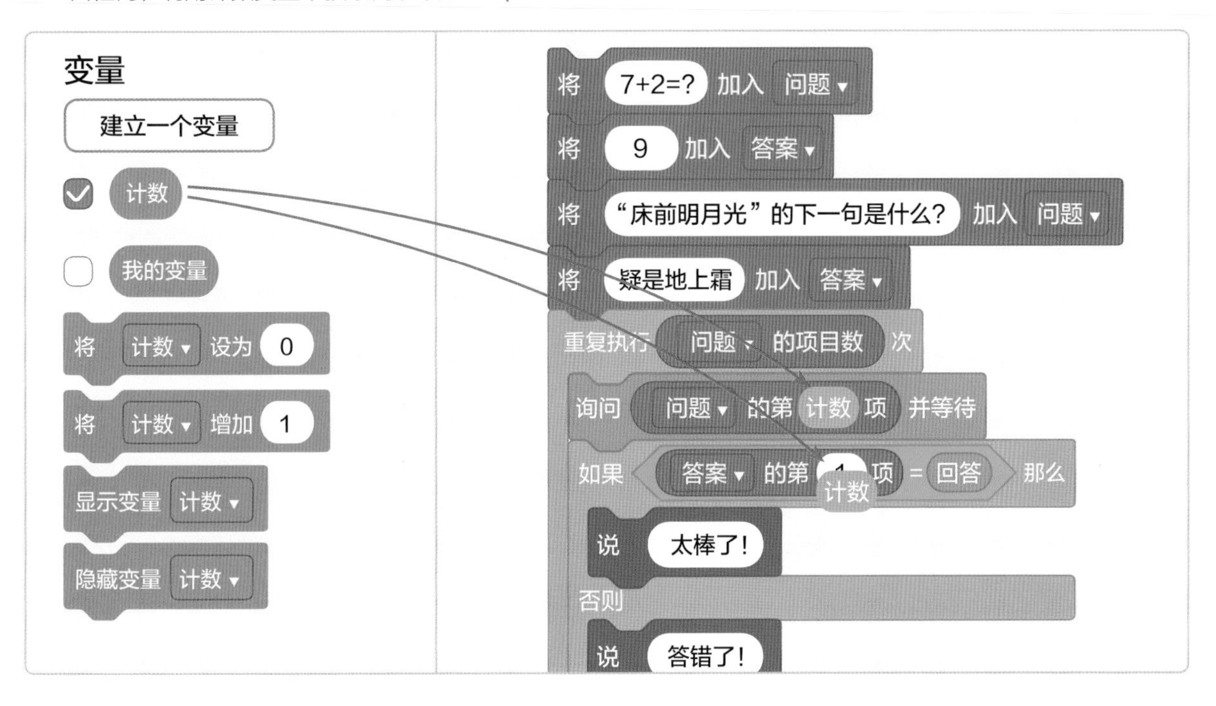

第四步，别忘记每次问完问题将计数变量加 1。我们利用“变量”类积木“将……增加……”设置计数变量加 1。

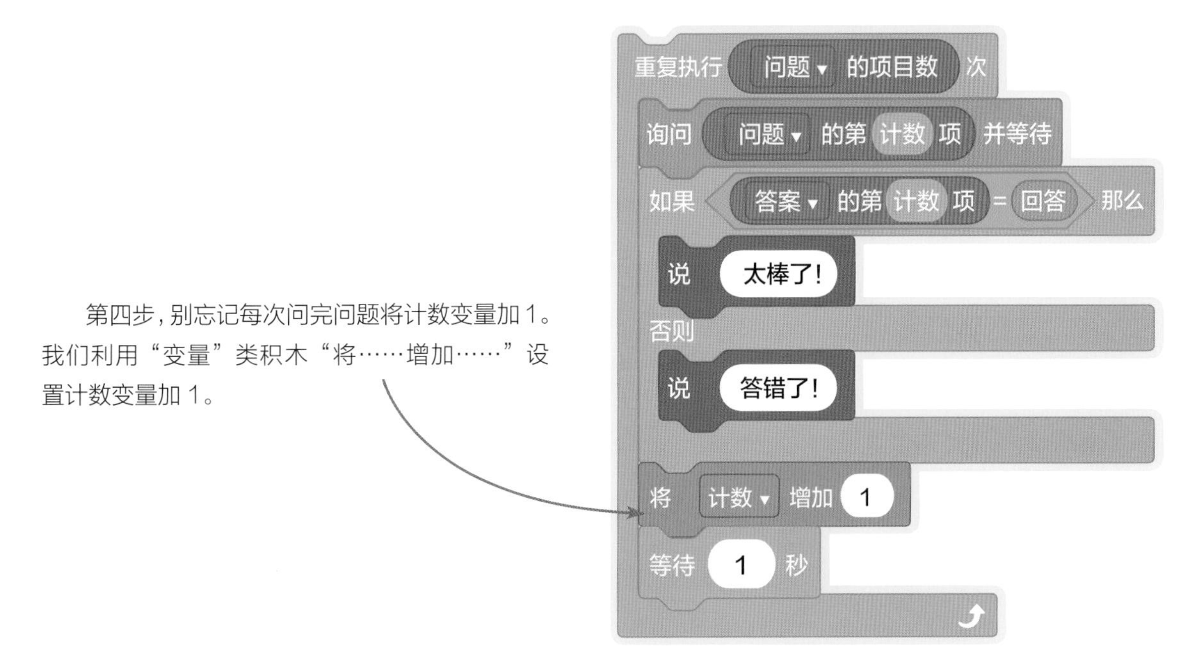

运行与优化

终于搞定了！今天好像有点儿复杂。不过看到格里芬笑眯眯满意的样子，多辛苦也值得了！

整理一下最终代码，然后放松一下，跟格里芬说说话吧！是不是它的问题你都能回答上来？

当然喽，问题和答案都是咱自己设置的嘛！哈哈哈！

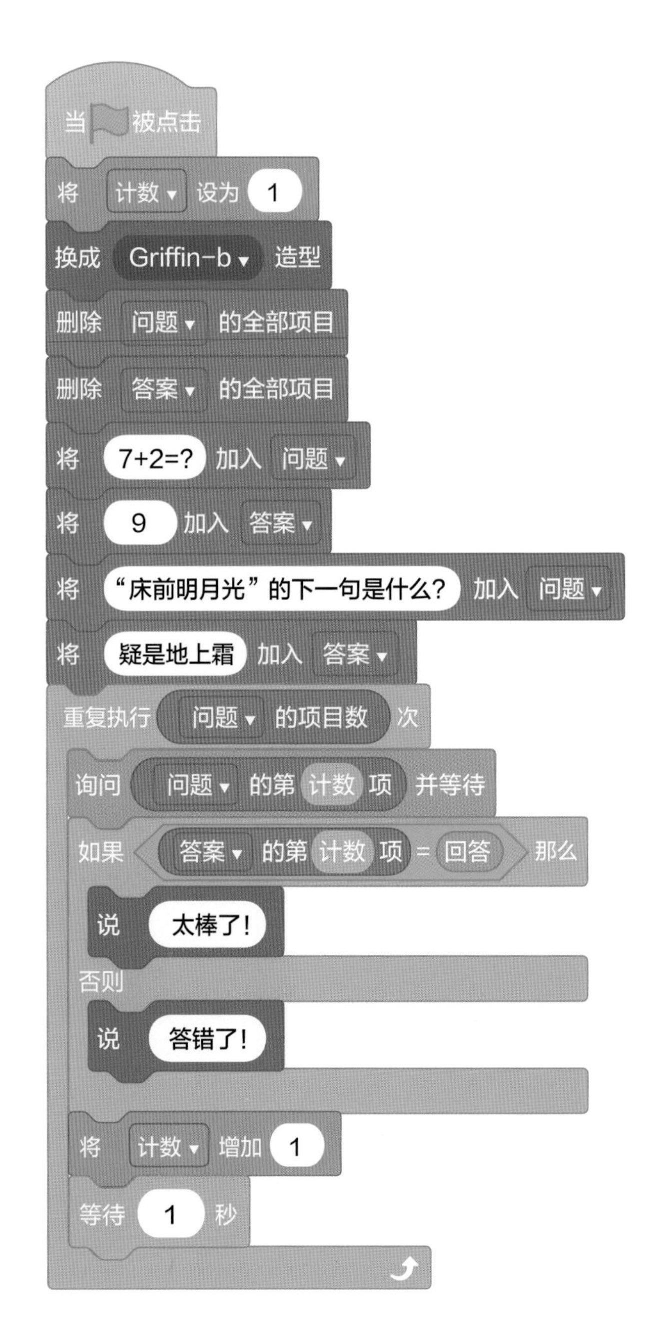

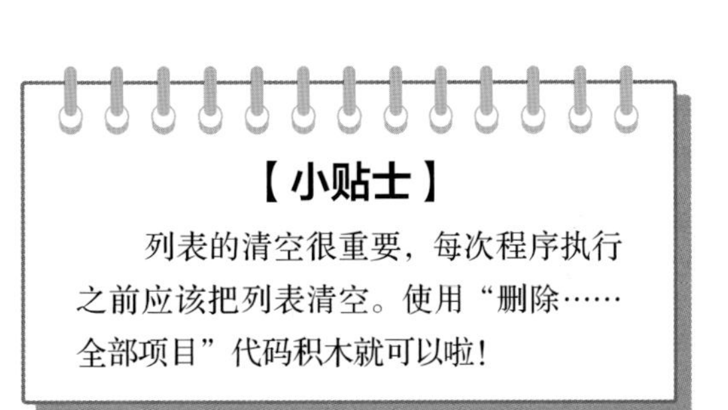

思维导图大盘点

今天又掌握了一种问答游戏的编程方法！画一张思维导图，回顾一下这个编程任务是怎么完成的吧！

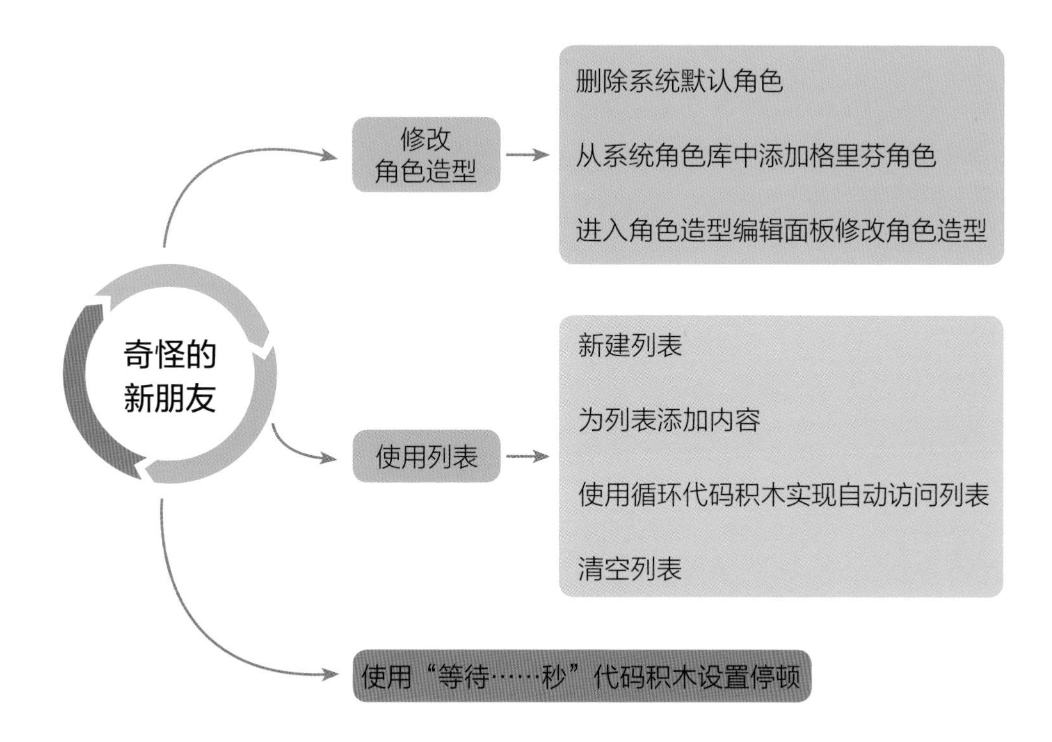

挑战新任务

系统默认的小猫咪出现了，它也有问题要问，好吧好吧，看着它可爱的样子，咱们再陪它玩一会儿问答游戏吧！

穿越恐龙防线

解锁新技能

- 多角色控制
- 键盘控制角色运动
- 碰撞检测积木
- 消息广播与接收
- 背景切换

格里芬很佩服小壹的智慧和勇气，它说：“你真厉害！知道吗？在前面的大草原里有一把神奇的钥匙，可以开启神奇世界的大门。但是这把钥匙由三只恐龙看守着，只有勇敢的人才能战胜它们！”

小壹信心满满，想着：去吧！接受挑战！

“等等！”格里芬叫住小壹，“你的形象太惹眼了！我把你变成小动物的样子，这样就不容易被发现了！”

说着，格里芬念叨咒语：“阿咕噜阿塔塔，变变变！”

小壹变成了一只棕色的小猫咪，他确实感觉自己不起眼了，而且跑起来也更轻盈了！

快去看看他会遇到什么事情吧！

领取任务

这是一个由好几个角色组成的游戏脚本，比较复杂。我们将借此学习如何在舞台上添加多个角色并分别控制它们的行为、发送广播消息以及对消息的处理。

比如给恐龙赋予巡逻动作，让每只恐龙按照自己的速度来回巡逻，碰到屏幕边界就折返回来；通过键盘的上下左右键控制棕色小猫爬行；当小猫的身体不小心碰到了恐龙，则表示游戏失败，切换到游戏失败场景；当小猫的身体碰到神奇钥匙，表示游戏成功，就发出“游戏成功！”的广播消息，切换到游戏成功场景，这样任务就完成了！

恐龙怎样才能抓住小猫？要完成本次任务，有个秘籍：利用碰撞检测积木。跟之前学的颜色碰撞检测积木类似，这个积木用于判断两个角色是否发生碰撞。

小猫如何获取钥匙呢？哈哈！也用碰撞检测就可以啦！

让我们快快开始本次的 Scratch 编程之旅吧。

一步一步学编程

1 设置草原背景

首先，我们添加一个草原的背景，营造氛围。鼠标指向右下角背景区下方的蓝色图片图标，图片图标变成绿色，弹出一个更改背景菜单。点击第一个“上传背景”按钮，打开本地文件对话框，添加草原背景图。

打开已经下载到电脑中的本册“案例 5”文件夹，从“4-5 案例素材”文件夹中找到“恐龙草原”图片，点击“打开”按钮，添加背景。

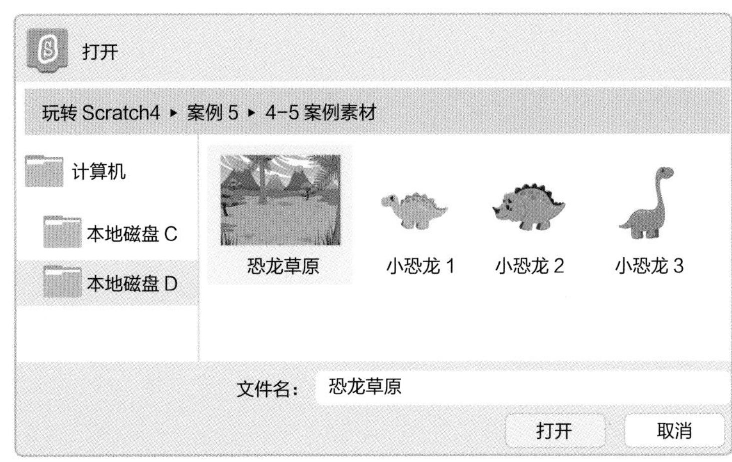

2 添加游戏成功背景和游戏失败背景

一般玩游戏的时候，如果游戏成功，就会进入游戏成功的界面；如果游戏失败，就会进入游戏失败的界面。今天咱们也给自己编写的游戏添加上这两种背景！

△ 鼠标点击屏幕右下角的背景区，将其变为选中状态，表示当前编辑的就是舞台背景。然后再点击屏幕左上角的“背景”选项卡，进入背景编辑状态。

左侧背景列表中第一张背景图片是默认的白色背景，第二张背景图片是刚才添加的草原图片。根据剧情我们还需要添加一个游戏成功背景和一个游戏失败背景。背景编辑界面左下角有一个蓝色图片图标，鼠标滑过时弹出含有五个按钮的修改背景菜单。

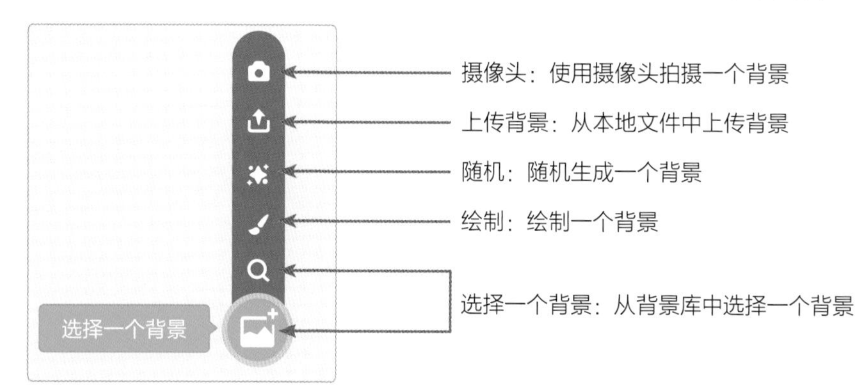

本次任务可以从背景库中选择游戏成功背景和游戏失败背景。

点击图片图标或者“选择一个背景”按钮，打开背景库。找到名字为“Party”的背景图片，作为游戏成功背景。鼠标点击该图片，将其加入背景列表中。找到名字为“Neon Tunnel”的背景图片，将其作为游戏结束背景。鼠标点击该图片，将其加入背景列表中。▷

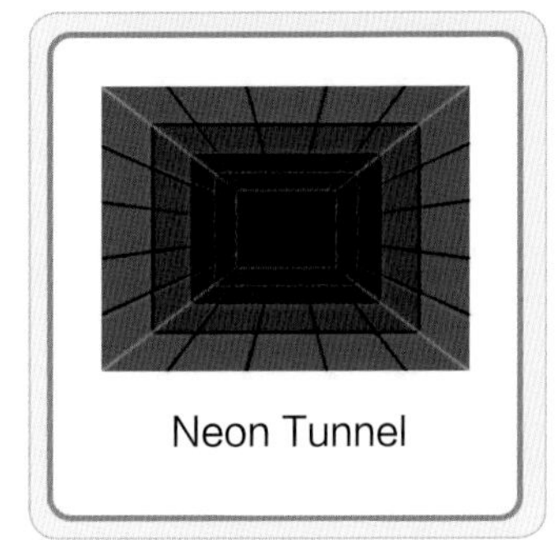

嗯……好像还差了点儿什么。对了，得有文字说明！那么我们就在游戏成功背景和游戏失败背景上分别添加“游戏成功！”和“游戏失败！”的背景文字。

在左侧背景列表中选择游戏成功背景图片。然后点击编辑面板中的文本按钮。▷

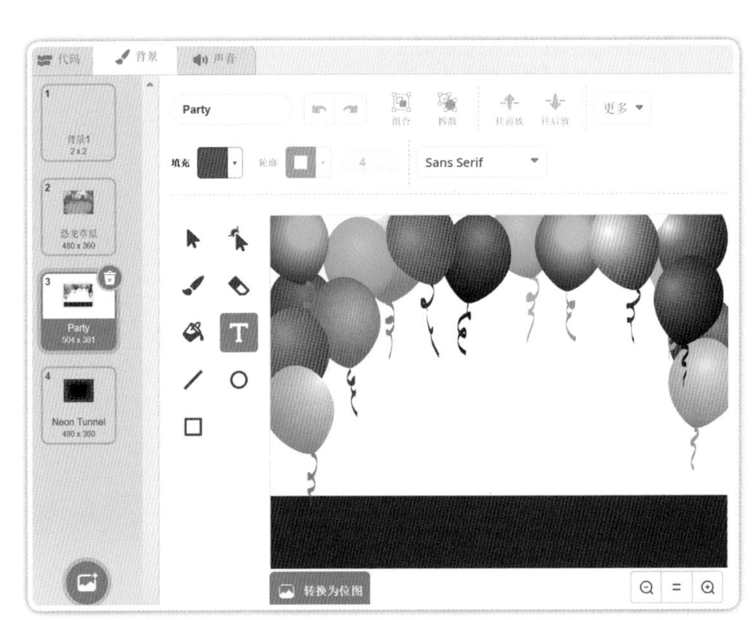

点击背景图片中间位置，在出现的虚线框内输入“游戏成功！”▷

默认的文字颜色似乎不太好看。可以用鼠标选择该文本框，然后点击上面的填充颜色按钮，在弹出的颜色修改面板上完成文字颜色设置。

这里，将亮度的值调整为 0，把文字颜色设置为黑色。

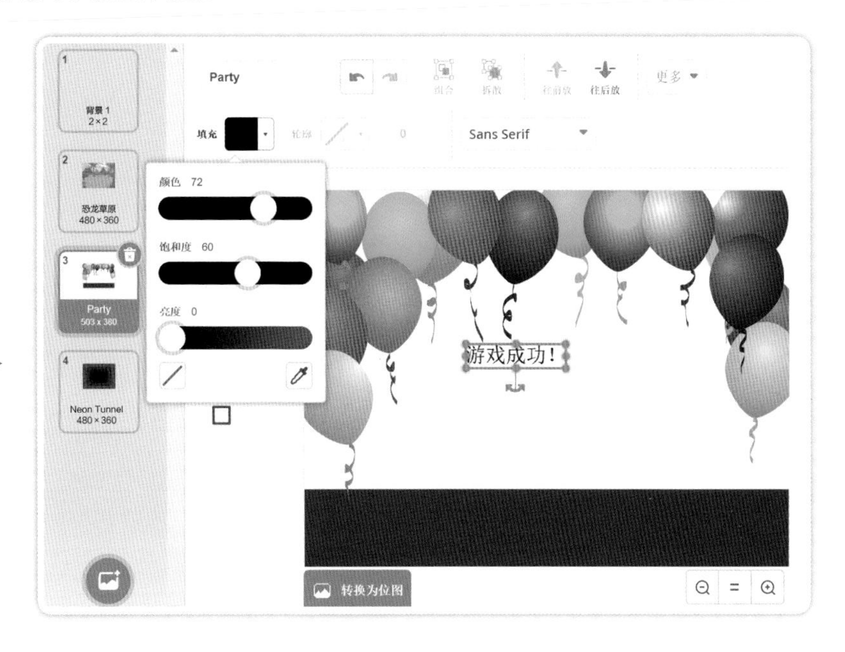

修改文字颜色之后，用鼠标拖曳文本框，将其放置在图片的中间位置。当然，可以拖曳文字周围的控制框调整文字大小。最后修改一下背景名称，修改位置就在背景编辑面板左上角。

将“Party”字样改为“游戏成功”。

用同样的方法添加游戏失败的背景文字。有可能之前的黑色文字跟游戏失败的黑色背景色冲突，导致看不清文字。可以修改文字颜色为白色（颜色调到 100，饱和度调到 0，亮度调到 100），这样就显眼多了。然后调整好文字的大小和位置。别忘了把背景名称修改为“游戏失败”。 ▽

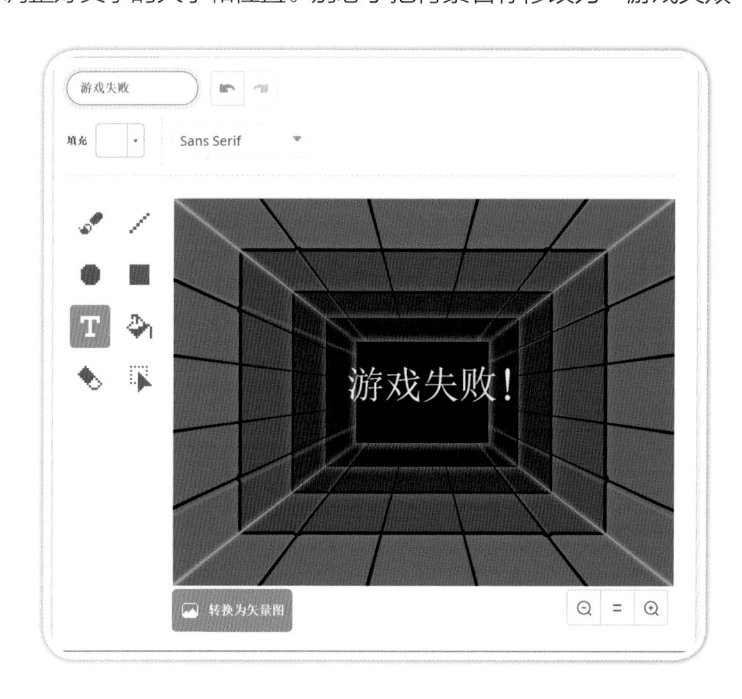

现在似乎出现了一点儿问题……切换成代码编辑状态的时候，舞台上的背景不是我们之前设置的草原背景了。 ▽

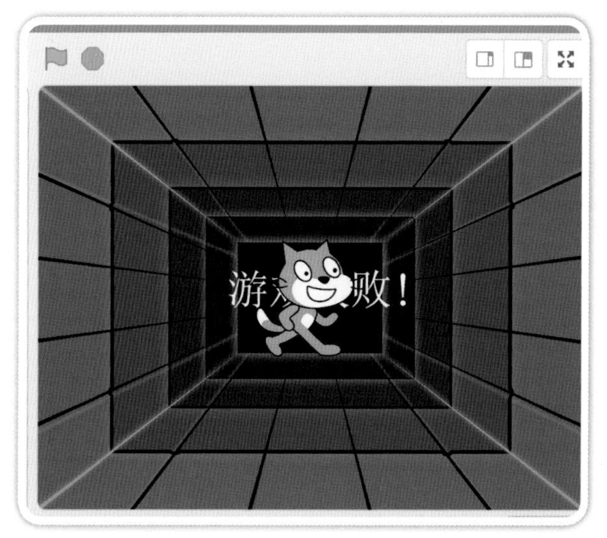

回到背景编辑界面，在左侧背景图片列表中，选择第二个草原背景图片，然后切换回代码界面看看！是不是舞台上草原背景回来了？ ▽

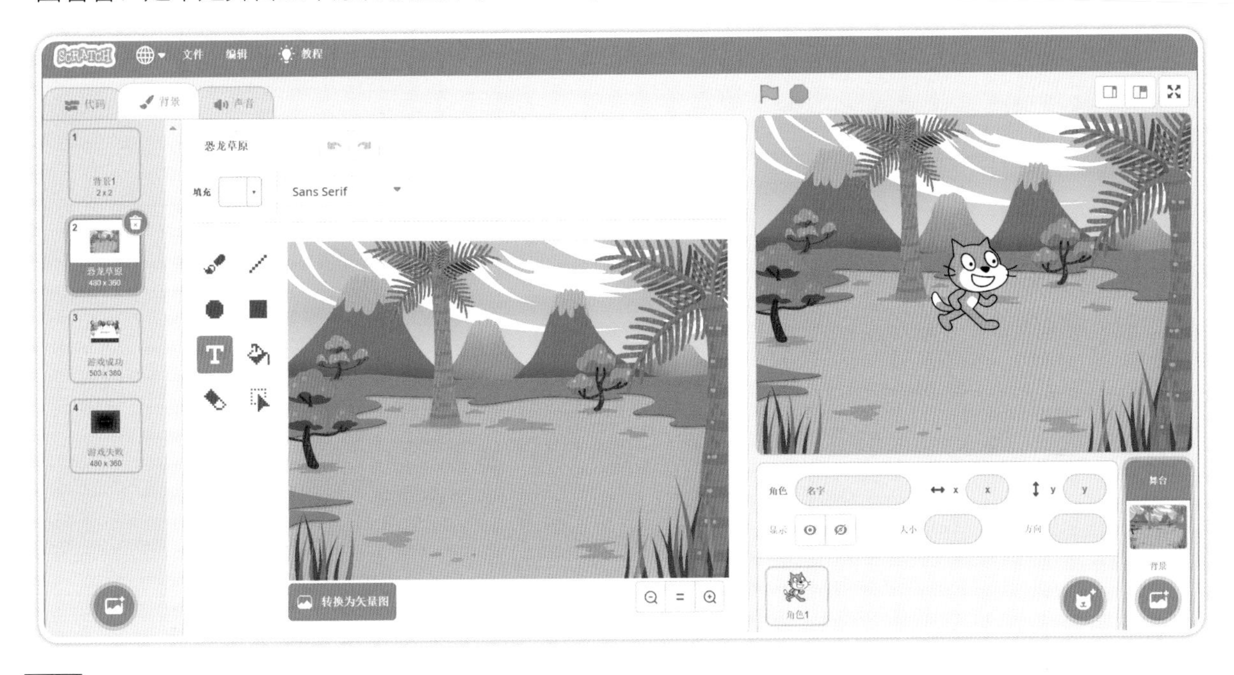

3 添加多个角色

棕色小猫

根据剧情的需要，我们需要添加一个棕色小猫的角色。首先还是要删除系统默认角色，然后从角色库中选择棕色小猫角色。

点击角色区右侧的小猫头像图标，进入角色库，点击“动物”按钮，找到名为“Cat2”的棕色小猫图片，鼠标点击它将其添加为角色。

▷

神奇钥匙

同样的步骤，进入角色库，点击“奇幻”按钮，找到名为“Key”的钥匙图片，鼠标点击它将其添加为角色。

三只恐龙

三只恐龙的角色需要通过从本地上传的方式来添加。鼠标指向角色区右侧的小猫头像图标，在弹出的“角色修改”菜单中点击第一个“上传角色”按钮。打开本地文件对话框，分别添加三只恐龙角色。

△ 打开已经下载到电脑中的本册“案例 5”文件夹，从“4-5 案例素材”文件夹中找到“小恐龙 1”图片，然后点击“打开”按钮，将其添加为角色。

按照同样的方法，添加小恐龙 2 和小恐龙 3 角色。

4 调整各个角色的大小和位置

现在，角色都添加好了。但是角色的位置和大小非常不合理，小恐龙们太大了，占据了舞台大部分空间，都看不到棕色小猫和钥匙了！我们来调整一下吧！

我们可以在角色区的属性面板中修改各个角色的大小和位置。

首先在角色区点击选择小恐龙 3，在上方的属性面板中修改它的大小为 25，x 坐标是 −162，y 坐标是 −122。看看恐龙是不是变小啦！

修改小恐龙 2 的属性，设置它的大小为 25，x 坐标是 -162，y 坐标是 -45。

修改小恐龙 1 的属性，设置它的大小为 25，x 坐标是 -162，y 坐标是 37。

好啦！小恐龙们的位置和大小都设置好了，下面设置棕色小猫和钥匙的属性。

在角色列表中选择棕色小猫，将大小修改为 40。棕色小猫的方向似乎不太对，应该让它头朝上。对！将方向调整为 0 度就可以了！然后将它的 x 坐标设置为 26，y 坐标设置为 -175。现在，小猫是向着钥匙方向出发的状态了。

在角色列表中选择神奇钥匙，在属性面板中调整神奇钥匙的属性，将其方向调整为 180 度，x 坐标设置为 -12，y 坐标设置为 57。

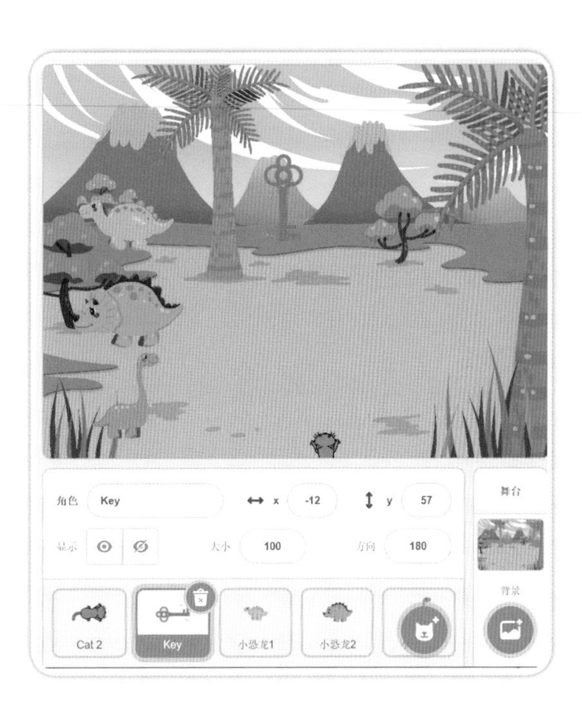

5 恐龙行为控制

好了，场景和角色都准备好啦，接下来的任务是让恐龙动起来！

让角色动起来我们不陌生。将界面切换回代码编辑界面，在角色区选择小恐龙 1 角色。此时脚本区还是空白的。脚本区右上角就是该恐龙的角色图片，表示我们当前编辑的代码就是属于这只黄色小恐龙的代码。

点击屏幕左侧的“运动”类指令按钮，选择“移动 10 步”代码积木，并将它拖曳至脚本区。点击一下这个积木，恐龙向右移动 10 步，再点击一下，恐龙再向右移动 10 步……

可是，小恐龙 1 的头是朝左的，但“移动 10 步”的代码是向右的，点击积木时小恐龙就像在倒退一样。想让小恐龙往前走该怎么办呢？让它移动 -10 步就可以啦！

如果想让它自动往前走怎么办呢？对了！重复执行！又要用到循环结构了。

点击左侧“控制”类指令按钮，选择“重复执行”代码积木，把它拖曳至中间脚本区包住刚才的“移动 -10 步”积木。▷

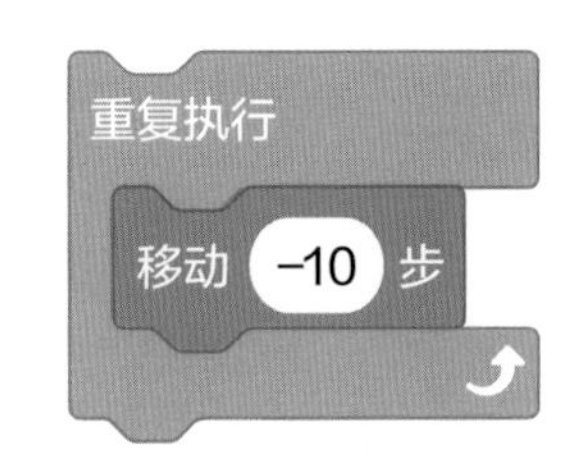

恐龙确实乖乖地自己向前走了，但是它走到左侧边界就消失了，而且它走得太快了！

首先我们把它找回来。点击舞台上方的红色停止程序按钮，设置小恐龙 1 的 x 坐标为 0 或者其他在 -200~200 之间的数值就可以了。然后我们再让小恐龙的速度慢下来。

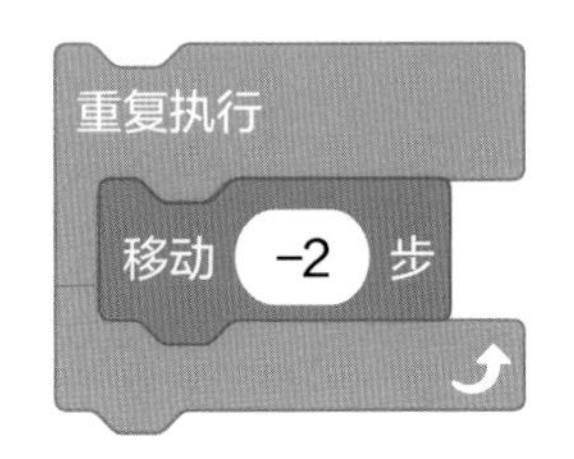

将移动步数变小，比如将 -10 改成 -2 或者 -3，恐龙的行走速度就变慢了。△

如何让恐龙走到边界就自动掉头呢？ Scratch 为我们提供了一个特别好用的代码积木。

点击左侧“侦测”类指令按钮，在积木中选择“碰到鼠标指针？”代码积木，将其拖曳至脚本区。▷

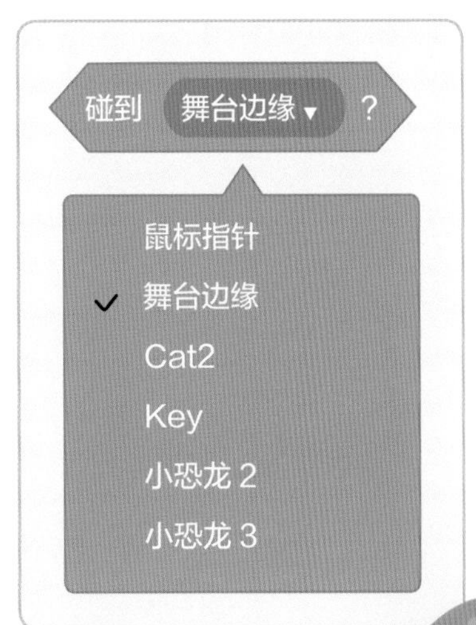

◁ 点击积木上的阴影部分，发现了什么惊喜？对了，下拉列表中有“舞台边缘”选项。

下一步需要做的就是让恐龙一直在舞台上巡逻，当遇到舞台右侧边缘的时候，就掉头向左走，当碰到左侧边缘之后就要掉头向右走。怎么实现掉头呢？

Scratch 给我们提供了方向变量，就在“运动”类积木最下方，找到了吗？  

在 Scratch 中实现掉头，就是把当前角色的运动方向修改为当前的运动方向乘以 -1 。当然，这里需要一个表示乘法的积木，去“运算”类积木中找到它吧。

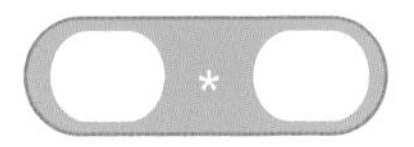

将方向与 -1 相乘，表示相反方向，组合结果如右图所示。 

下一步找到“运动”类指令下的“面向……方向”代码积木。 

然后将它们组合起来！组合之后的效果如右图所示。 

以上就是恐龙角色行为的控制逻辑：让它一直走，如果碰到了舞台边缘就掉头面向相反方向，然后继续移动。设置的代码如右图所示。 ▷

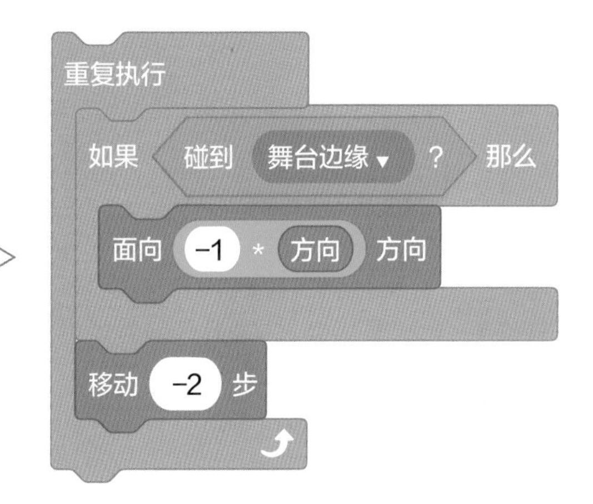

好了，将小恐龙 1 从舞台边界拖曳到原来的左侧位置，点击重复执行模块，试试看恐龙是否能正常巡逻了？

哎呀！恐龙转身后居然头朝下了！哈哈！好滑稽！ ▷

赶紧点击 按钮后面的 按钮，让它停下来！还是得让它头朝上啊！

在角色属性设置面板，点击方向设置文本框，设置好小恐龙的朝向吧！

在弹出的面板中，点击“左右翻转”按钮，小恐龙转身后，头就不会朝下啦！

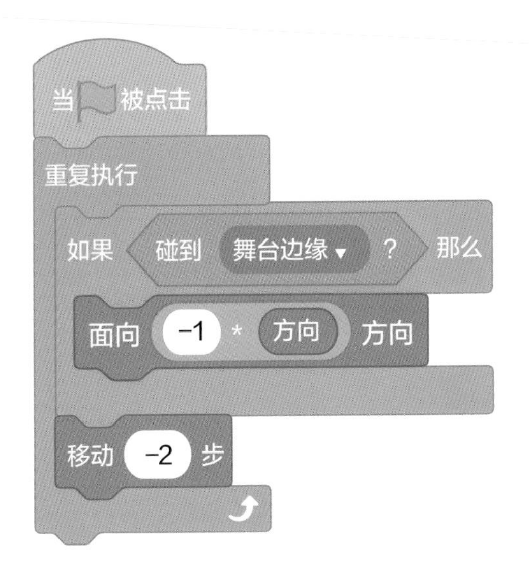

△ 启动程序后，小恐龙 1 就需要开始执行巡逻任务了，因此，我们还需要在运动代码积木组合上面加上“当被点击”的条件。

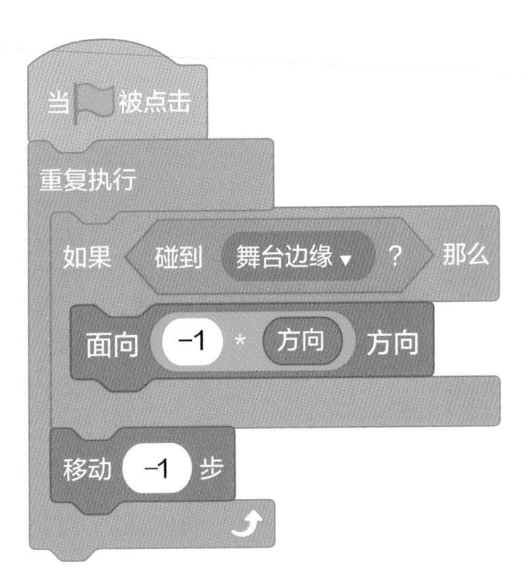

△ 小恐龙 2 的代码跟小恐龙 1 的代码基本类似，我们可以修改一下它的速度，比如每次移动 -1 步，具体代码如上图所示。别忘了在属性面板中的方向属性中设置小恐龙 2 的翻转方式为左右翻转。

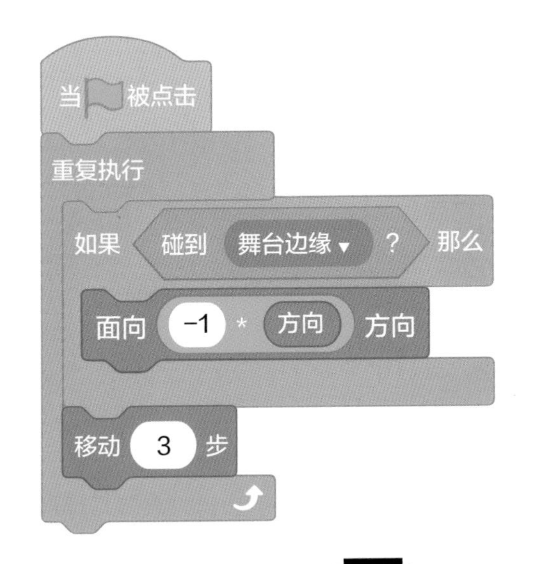

小恐龙 3 的代码也是类似的。这里需要注意，小恐龙 3 的头是朝向右侧的，所以它的移动步数不是负数，而是正数，其他的就一样了。同样的，别忘了设置小恐龙 3 的翻转方式哟。

◁

现在点击 [flag] 按钮，执行程序，小恐龙们是不是行动起来啦？它们在乖乖地来回巡逻吧？ ▷

6 棕色小猫行为控制

小恐龙都开始行动了，棕色小猫也跃跃欲试呢！下面就让小猫也动起来吧！在角色区选择棕色小猫，进入棕色小猫的代码编辑状态。

添加键盘控制事件

这里我们首先要给棕色小猫赋予上下左右键的行为。键盘操作方法，我们以前已经掌握啦！找到“事件”类指令中的“当按下……键”代码积木，将其拖曳到脚本区。 ▷

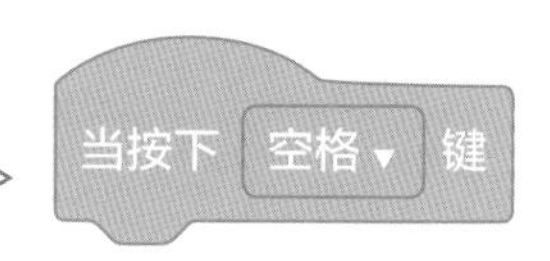

点击“空格”所在的阴影部分，在弹出的列表中选择“↑”箭头，表示按下向上的方向键。 ▷

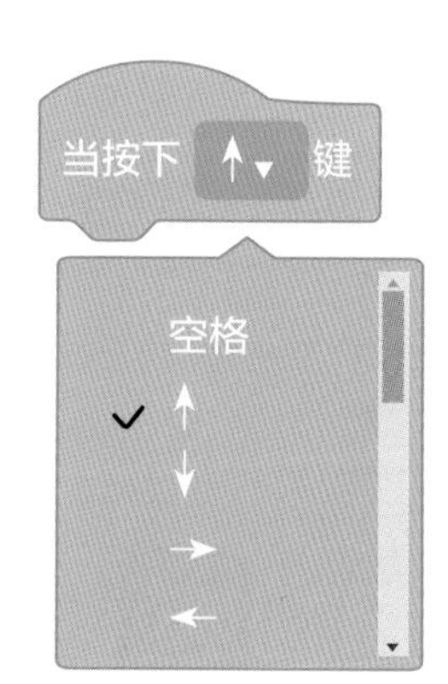

向上运动，自然要添加一个“运动”类代码积木啦。在“运动”类指令下找到“移动……步”代码积木，把它拼接到“当按下↑键”积木下方。

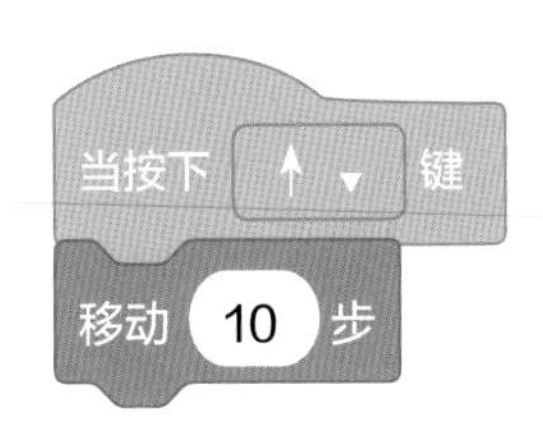

按下键盘的向上方向键，看看什么效果？

棕色小猫是不是向上爬行了？

那向下爬行呢？在脚本区添加一个“当按下……键”积木，设置向下的方向键“↓”，再拼接一个“移动10步”代码，将10改为-10，看看效果吧！

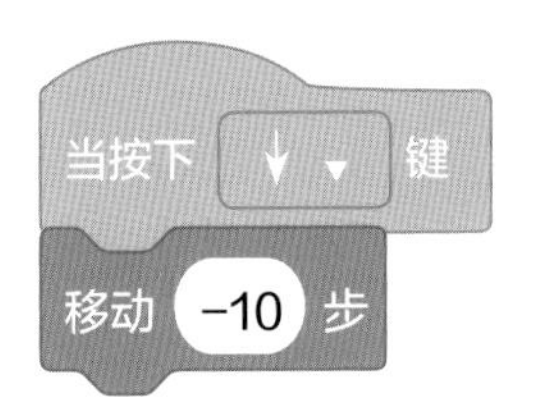

如果向右运动呢？在脚本区添加一个“当按下……键”代码积木，设置向右的方向键“→”，再拼接一个“移动10步”代码。然后组合下方再添加一个“面向……方向”代码积木，设置为90度方向，表示面向右移动。

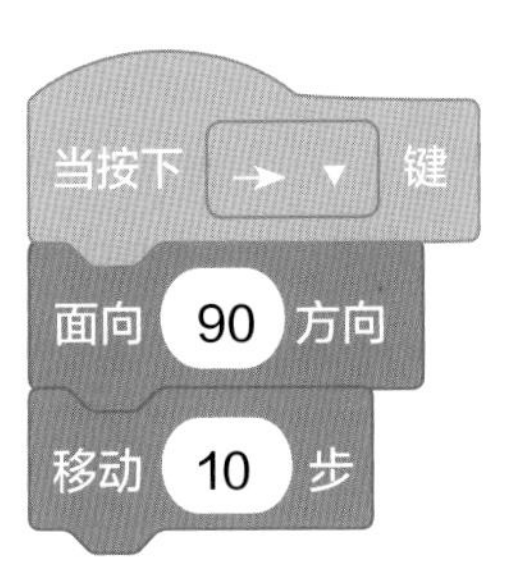

向左运动跟向右运动一样，你可以复制一下刚才的积木组合，只需要将键盘事件设置为向左的方向键“←”，并且将方向设置为-90度即可。

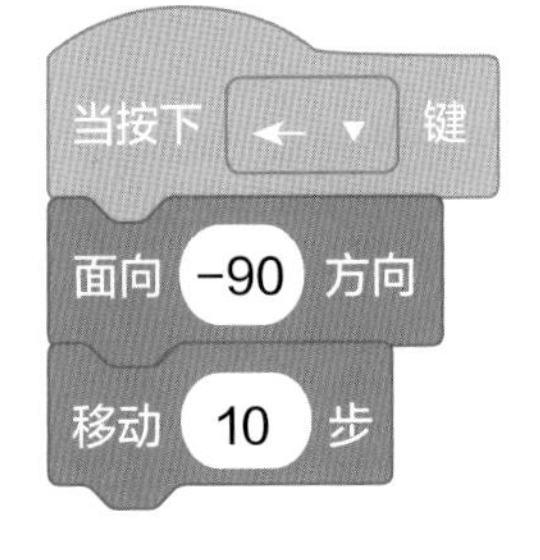

可是，又有麻烦了！现在小猫能够向左和向右运动了，却不能向上运动，为什么呢？

当然还是要调整棕色小猫的运动方向了，在向上和向下的控制代码中，也要添加“面向……方向”积木。

向上，就是面向0度方向；向下，就是面向180度方向。需要注意的是，在向下的代码中，如果设置了棕色小猫面向180度方向运动，它移动的数值就不再是负数了，要把移动步数的负号去掉。

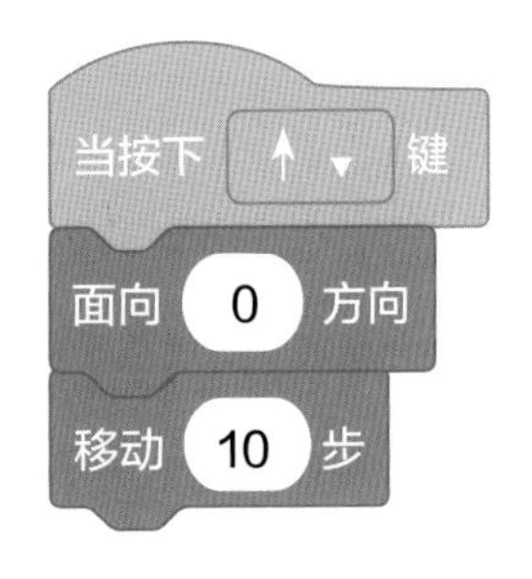

小猫报告消息

棕色小猫拿到神奇钥匙，咱们的游戏就成功啦！

还是从“侦测”类积木中找到“碰到鼠标指针？”代码积木并把它拖曳到脚本区。点击积木上的阴影部分就可以看到，列表中有一个“Key”，这不就是神奇钥匙的名字吗？当棕色小猫和神奇钥匙发生碰撞，就表示棕色小猫成功拿到了钥匙！是不是很简单？ ▽

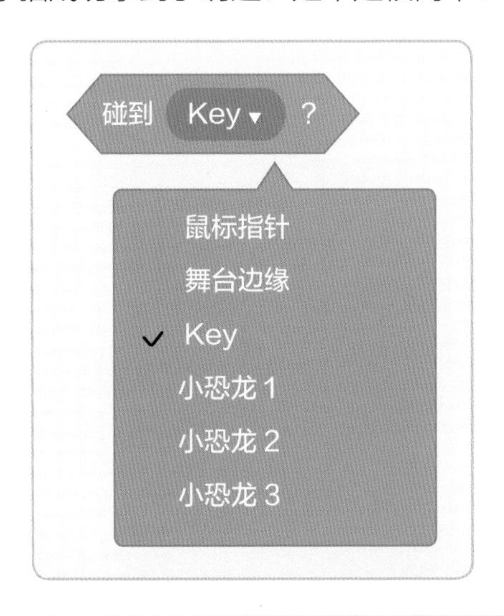

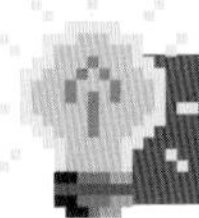

【编程秘诀】“碰撞检测”积木

“碰到……？”代码积木就是碰撞检测积木。通过本次编程学习，我们收获了这一项新技能。当用于判断角色和其他角色、和舞台边缘、和鼠标指针是否相遇时，这个积木就派上用场了！

如何向系统报告成功的消息呢？Scratch 事件类型中有一个“广播消息 1”代码积木。当棕色小猫碰到钥匙后，小猫可以通过它广播消息“游戏成功”。 ▷

把“广播消息 1”积木拖曳到脚本区，点击“消息 1”所在的阴影部分，在弹出的列表中选择“新消息”，弹出“新消息”对话框。 ▷

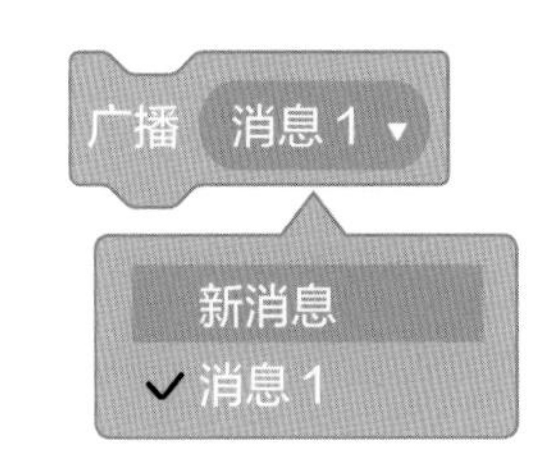

填写新消息的名称为：游戏成功。点击“确定”按钮。游戏成功的新消息就建好了。▷

同理，如果棕色小猫不小心碰到了小恐龙 1、小恐龙 2，或小恐龙 3，就需要发送消息“游戏结束”。

再在脚本区添加一个“广播……”代码积木，点击积木上的阴影部分，再新建一个消息，新消息名称为：游戏结束。▷

为棕色小猫的每个方向键控制代码都添加两个“如果……那么……”判断逻辑代码积木，第一个用来判断如果棕色小猫碰到了神奇钥匙，广播消息“游戏成功”。▽

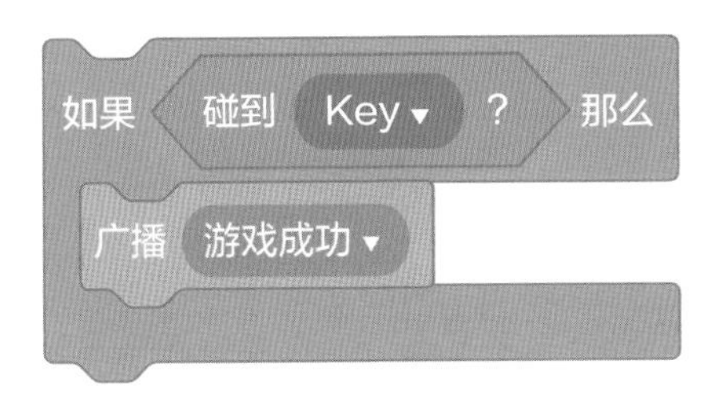

第二个用来判断棕色小猫是否跟其中一只小恐龙发生碰撞，如果是，就广播消息“游戏结束”。第二个逻辑判断我们用“运算”类积木中的“……或……”积木，有一个条件成立就可以执行这段控制代码。▽

7 根据广播的消息设置游戏场景

广播就意味着系统里所有的内容，包括背景和其他角色全部都能接收到这个游戏的消息。是啊，棕色小猫汇报了游戏成功或者游戏结束的消息，自然需要有回应，就是要停止游戏，进入游戏成功或游戏结束的场景！

鼠标点击背景区的舞台背景，进入背景代码编辑模式，在这个脚本区中编写与背景相关的代码。当它接收到“游戏结束”的消息之后，切换到游戏失败场景。▷

“事件”类积木中恰好有个“当接收到游戏结束”代码积木，将其拖曳至脚本区。

当接收到这个消息，就将背景切换成游戏失败背景。这里使用“外观”类指令下的“换成……背景”代码积木，设置方法如右图所示。▷

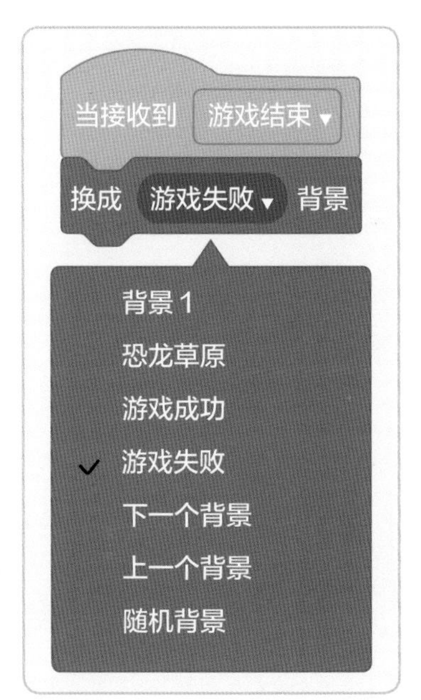

游戏停止了，所有脚本也都停止运行了，我们还需要在下面添上“停止全部脚本”▷代码积木，它就在“控制”类积木中。

将其拖曳到脚本区与游戏停止消息响应代码拼接在一起。▷

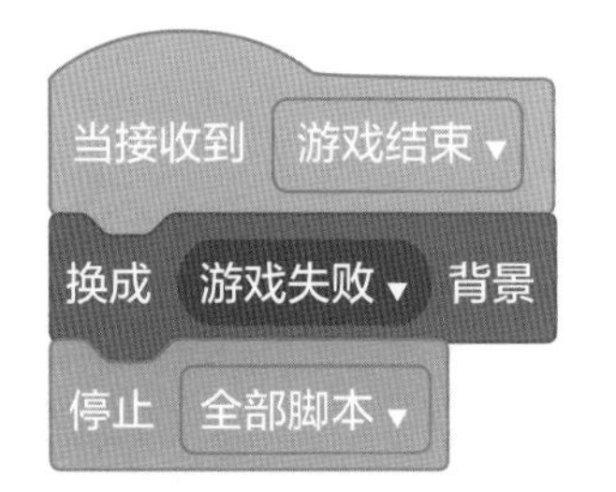

如果接收到游戏成功消息，就可以将背景切换成“游戏成功”的背景了，当然也需要停止全部脚本。▷

【编程秘诀】消息广播机制

消息广播机制是不同角色之间、场景和角色之间传递指令的一种方式，通过消息广播机制可以更好地实现程序的互动性。

消息可以“一对一”传播，也可以“一对多传播”。消息有广播者（发送端），也有接收者（接收端）。只有接收者和广播者的消息一致，Scratch 才会执行后面的程序。

下面，运行一下试试看吧！

啊？！这是什么？！舞台上场面一片混乱！当棕色小猫碰到小恐龙时背景切换成游戏失败背景了，但是其他的角色还都在。页面太不美观了！这怎么办呢？

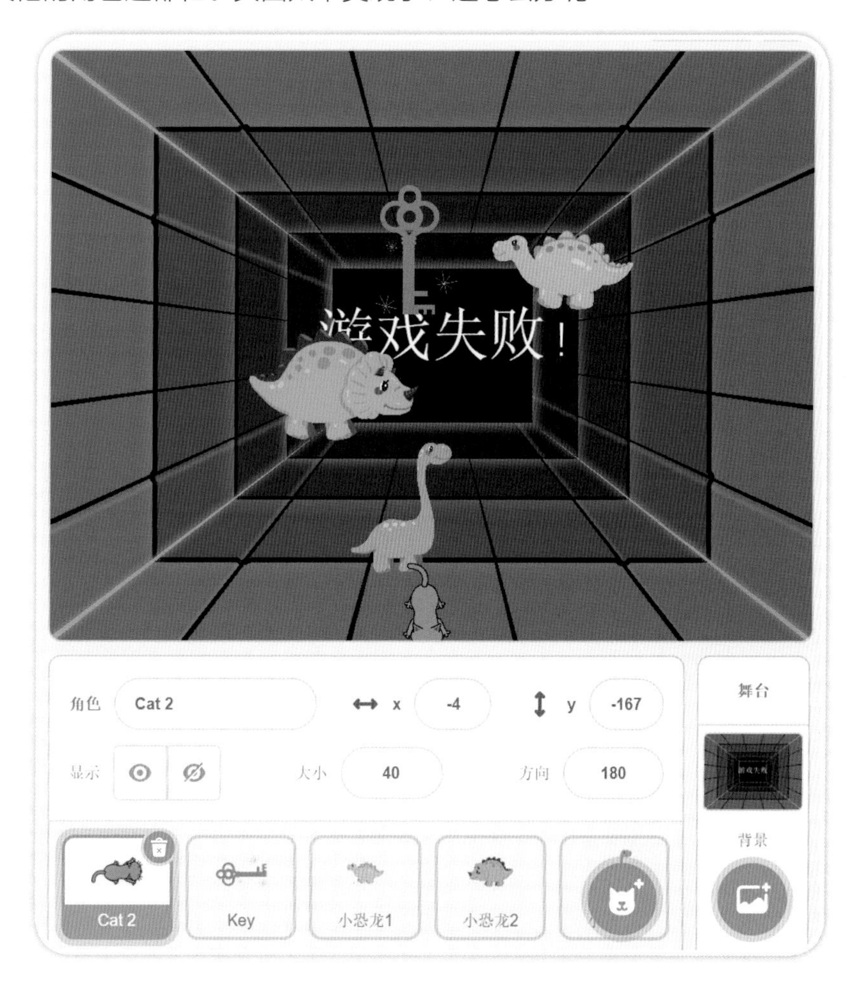

怎么让游戏结束时角色消失呢？

每个角色接收到“游戏结束”和“游戏成功”消息后，都应该隐藏起来！

在“外观”类积木中有一个“隐藏”代码积木，它可以帮忙。在角色区分别选择每个角色，都添加旁边的两组代码。

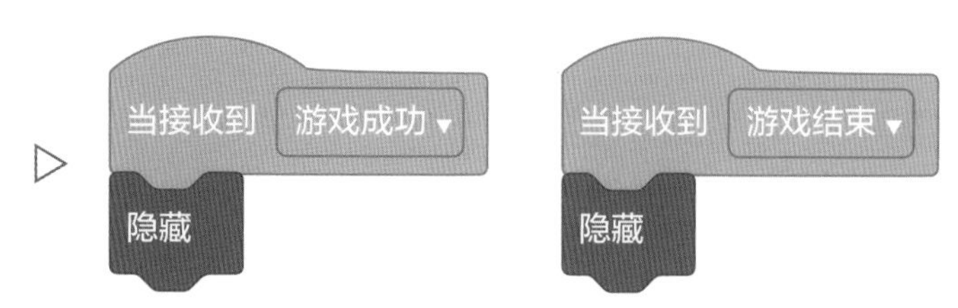

游戏编程到这里有点儿怪怪的，舞台上的角色们看不见了，而且场景也回不去了！点击按钮也没有重新开始！现在一直都是游戏结束状态！怎么办呢？

每个游戏都有开始状态、成功状态和结束状态！我们现在就是处于游戏结束状态，当然什么都不能出现了。

每次点击按钮启动时，就是开始状态，在开始状态下应该呈现初始设定：每个角色都能显示出来，舞台背景为草原背景。

在角色区分别选择每个角色，切换到它们的代码编辑状态，在各自脚本区都添加如右图所示代码积木“当被点击”和“显示”。

在背景区点击舞台背景，进入舞台编辑状态，在脚本区添加如右图所示积木。这样，当按钮被点击时，将舞台背景设置为草原背景。

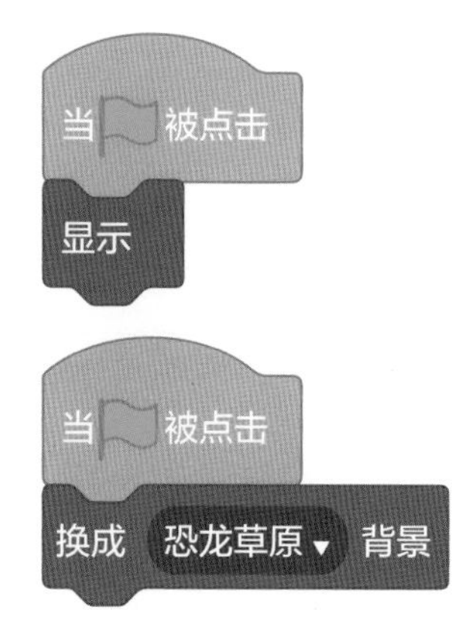

为了使棕色小猫每次都从起点出发，在程序开始时需要，给棕色小猫设置一个初始位置。

在角色区选择棕色小猫，进入棕色小猫的代码编辑状态。从“运动”类指令中拖曳“移到 x:…… y:……”积木到脚本区拼接好。其中 x 坐标设置为 26，y 坐标设置为 -175，最终设置结果如右图所示。

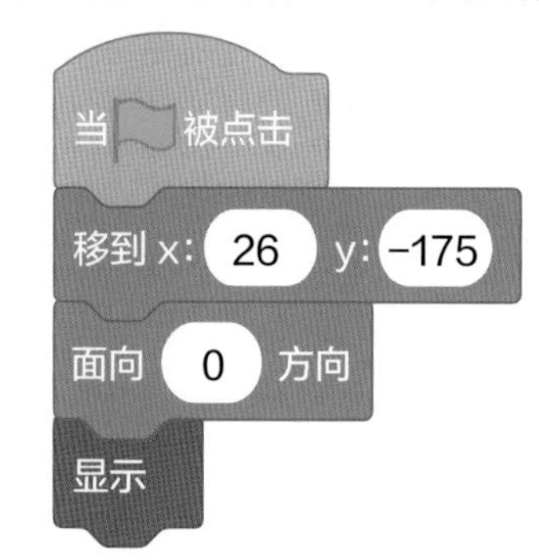

运行与优化

终于完成了！让我们整理一下本次任务的程序代码！

今天的代码稍微有点儿多，每个角色都有自己的代码，而且背景也有自己的代码。好啦！整理完就点击▶按钮，开始玩玩自己设计的游戏吧！

棕色小猫角色代码

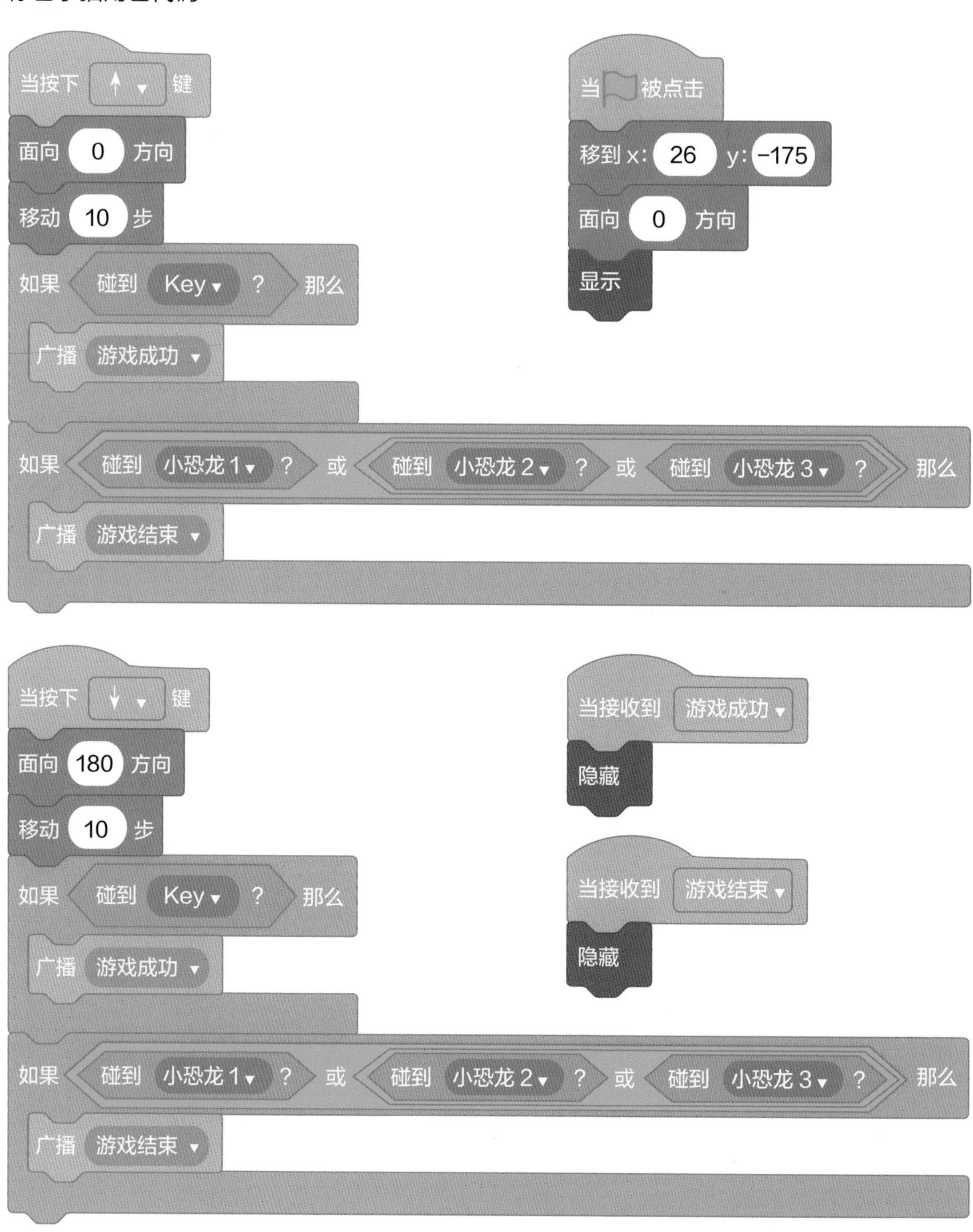
当按下 ↑ 键
面向 0 方向
移动 10 步
如果 碰到 Key ? 那么
广播 游戏成功
如果 碰到 小恐龙 1 ? 或 碰到 小恐龙 2 ? 或 碰到 小恐龙 3 ? 那么
广播 游戏结束
当 被点击
移到 x: 26 y: −175
面向 0 方向
显示
当按下 ↓ 键
面向 180 方向
移动 10 步
如果 碰到 Key ? 那么
广播 游戏成功
如果 碰到 小恐龙 1 ? 或 碰到 小恐龙 2 ? 或 碰到 小恐龙 3 ? 那么
广播 游戏结束
当接收到 游戏成功
隐藏
当接收到 游戏结束
隐藏

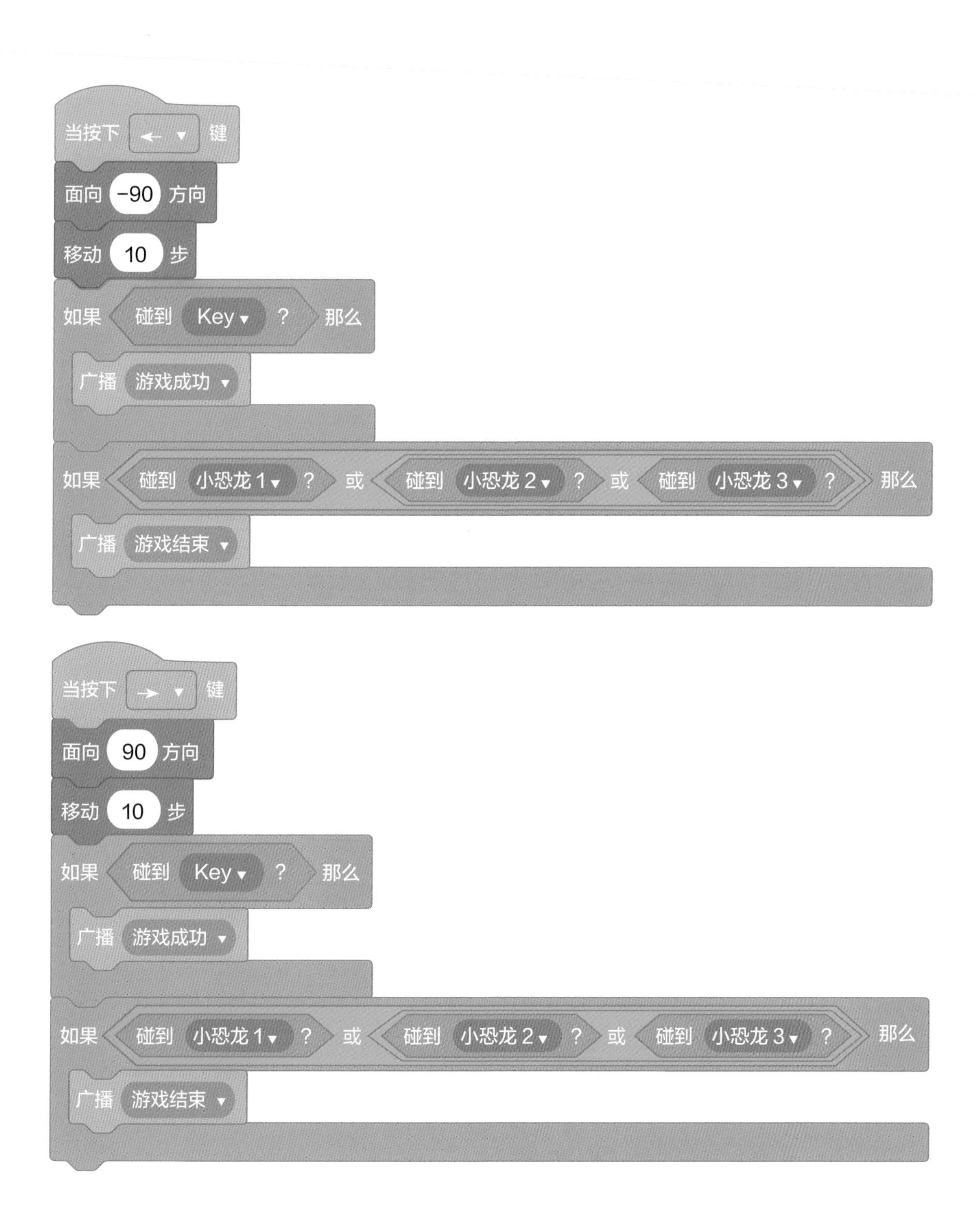
当按下 ← 键
面向 -90 方向
移动 10 步
如果 碰到 Key ? 那么
广播 游戏成功
如果 碰到 小恐龙 1 ? 或 碰到 小恐龙 2 ? 或 碰到 小恐龙 3 ? 那么
广播 游戏结束
当按下 → 键
面向 90 方向
移动 10 步
如果 碰到 Key ? 那么
广播 游戏成功
如果 碰到 小恐龙 1 ? 或 碰到 小恐龙 2 ? 或 碰到 小恐龙 3 ? 那么
广播 游戏结束

神奇钥匙角色代码

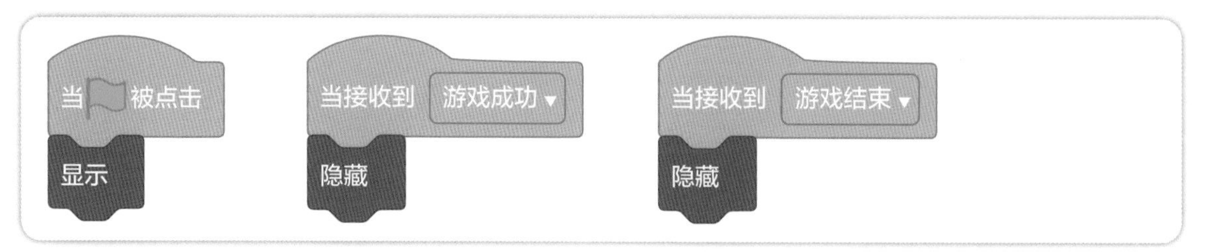

小恐龙 1 角色代码

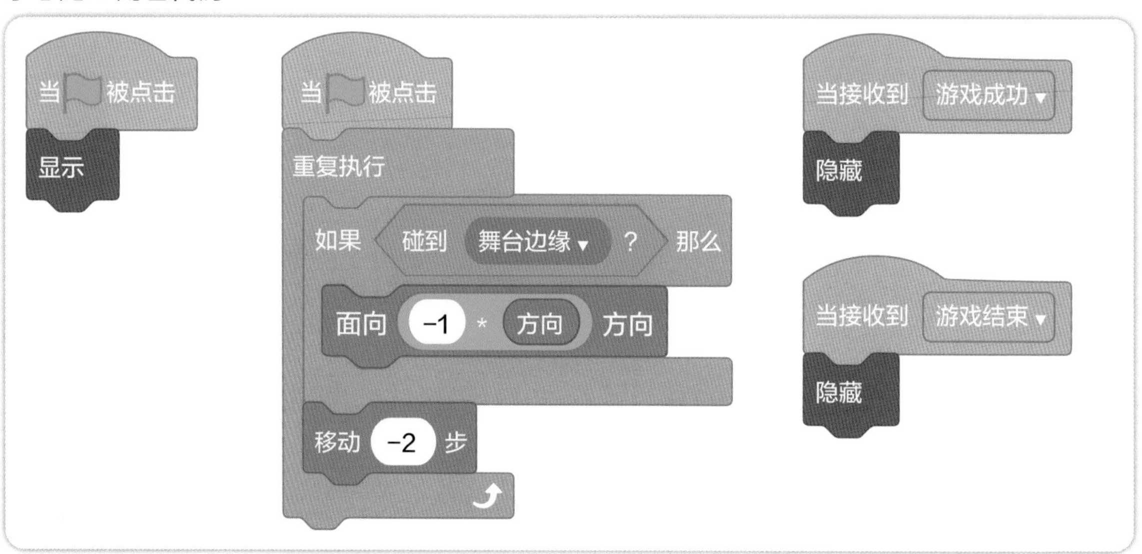

小恐龙 2 角色代码

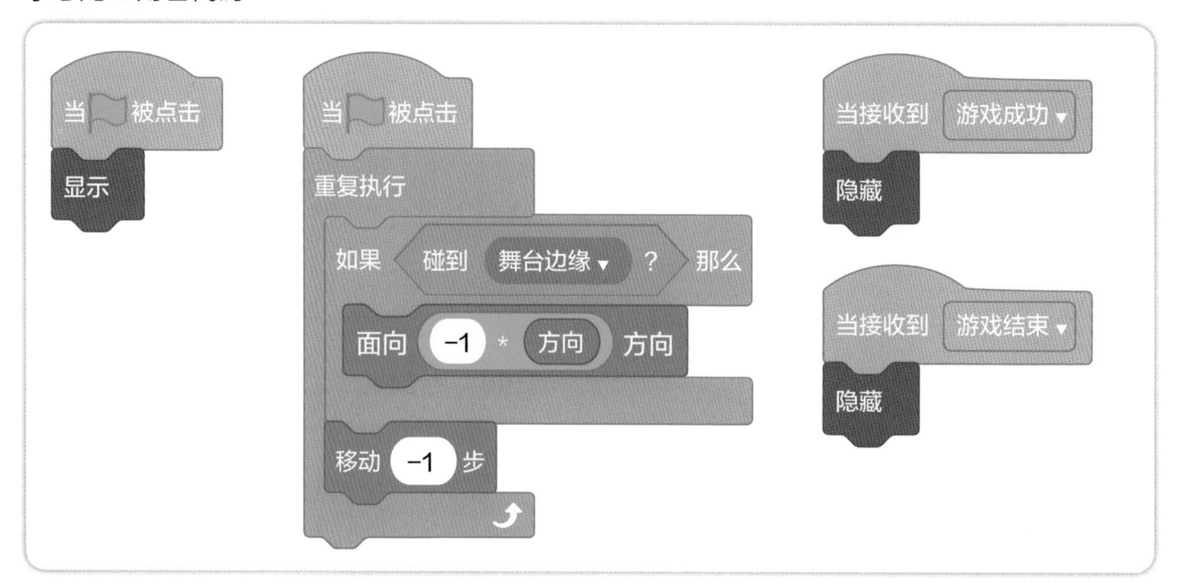

小恐龙 3 角色代码

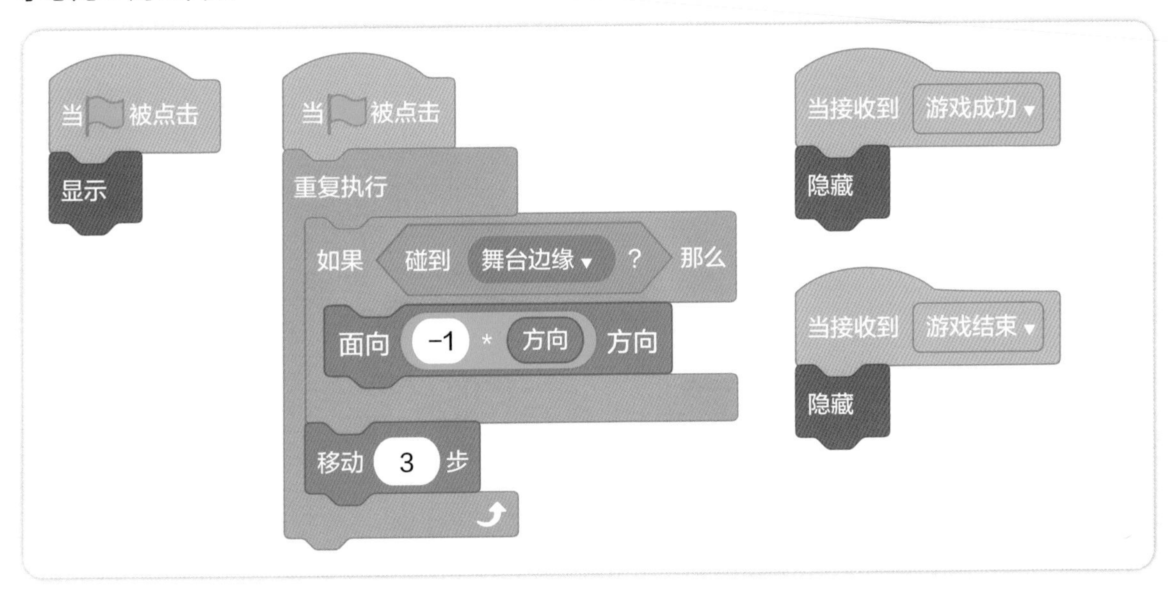

舞台背景代码

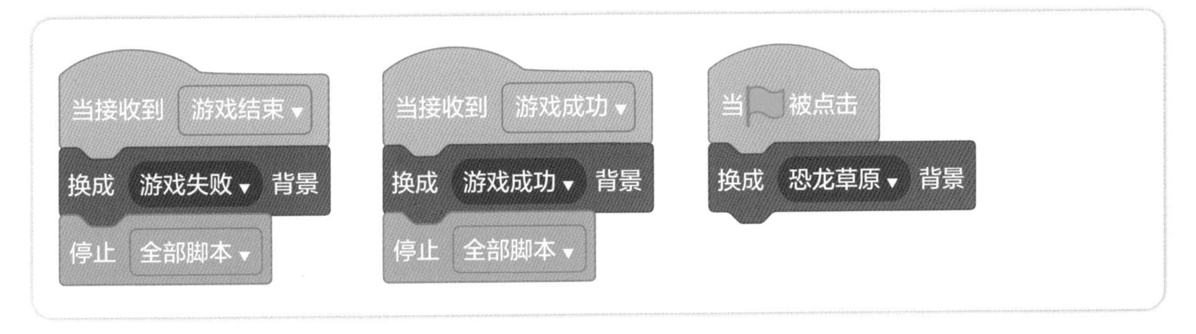

【小贴士】

这次任务中涉及的角色有点儿多，所以代码看起来复杂，实际上并不难！

小朋友们在学习的时候只需要注意代码是对应哪个角色就可以了。因为不同角色的行为是不同的，一定要理清思路，多些耐心和细心哟！毕竟，设计一个完整的游戏并不容易呢！

你能读到这里，说明你已经很了不起了，因为你已经会开发一个比较复杂的游戏了！

思维导图大盘点

这真是一个相当难的游戏！画一张思维导图，回顾一下这个编程任务是怎么完成的吧！

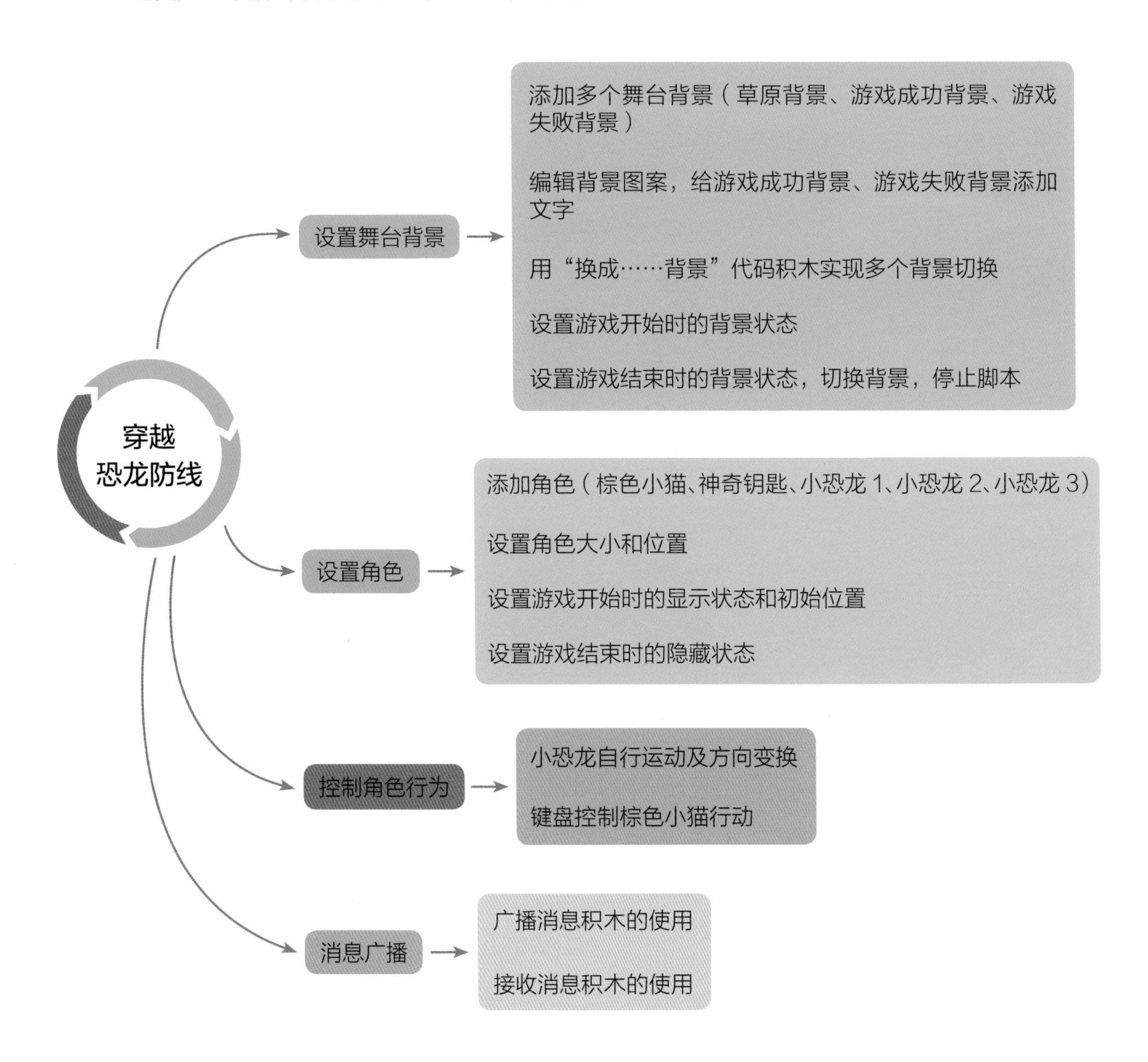

挑战新任务

恭喜你，终于能够自己设计出这么完整的游戏了！

什么？！有只小老鼠居然偷走了神奇钥匙？站住别跑！看我编写个程序抓住你！小朋友，快动手试一试吧！

手绘花园

解锁新技能

- 添加扩展模块
- 用画笔绘制图形
- 用图章绘制图案
- 制作简易画板

好险！勇敢的小壹终于拿到了神奇钥匙！

小壹迫不及待地打开大门，一座漂亮的花园映入眼帘。不过这里的花好像都是画出来的！

这时，一只蝴蝶飞了过来，它一边呼扇着翅膀一边介绍：“欢迎来到魔法花园，这里的每一朵花都是我们绘制出来的呢！你是不是也想试一试？”

小壹正看得入神，小蝴蝶已经把他引到一排颜料桶旁边，给了他一支笔，示意他可以画了！

小壹回过神来说：“谢谢啦！那我就开始喽！”

领取任务

想要绘图，就一定要用到画笔啦！ Scratch 为我们提供了画笔工具，并且提供了多种绘图方法。

第一种绘图方法就是使用角色画笔。在 Scratch 中，每个角色在移动过程中都能留下痕迹，这就是画笔的功能。当画笔落笔的时候，角色的运动会留下痕迹；当画笔抬笔的时候，角色的运动则不留痕迹。因此，可以通过控制角色的运动轨迹来实现绘图。当然，跟咱们现实生活中的绘画基本相同，Scratch 也可以设置画笔的颜色和粗细！

第二种绘图方法是使用图章。图章就是在舞台上把角色的形象保留下来，可以通过图章快速地绘制复杂的图案！

第三种绘图方法就是巧用鼠标。添加鼠标事件，通过鼠标拖曳来自由绘制图形。

下面，打开 Scratch 编辑器，咱们开始吧！

一步一步学编程

1 设置画笔角色

画笔也是 Scratch 中的一个角色。因此，先删掉系统默认的小猫角色，然后从角色库中选择添加“Pencil”画笔角色就可以啦。▷

2 添加画笔模块

在系统默认的指令类型中，没有“画笔”指令，我们需要从扩展模块中添加它。

点击屏幕左下角的“添加扩展”图标进行添加。▷

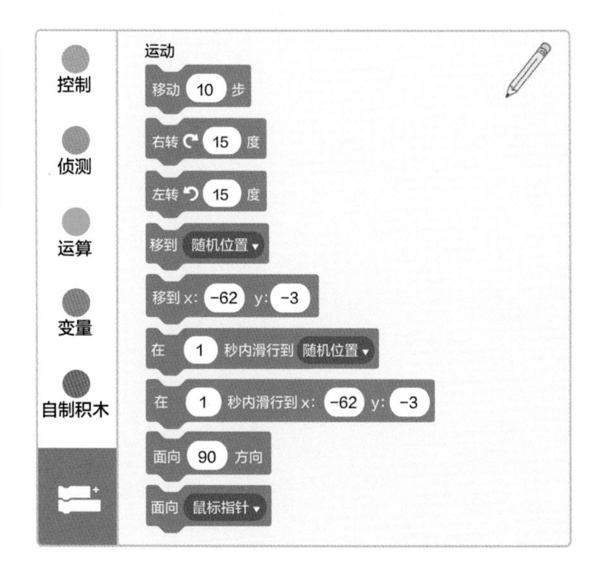

▽ 打开“选择一个扩展”对话框，点击“画笔”模块。

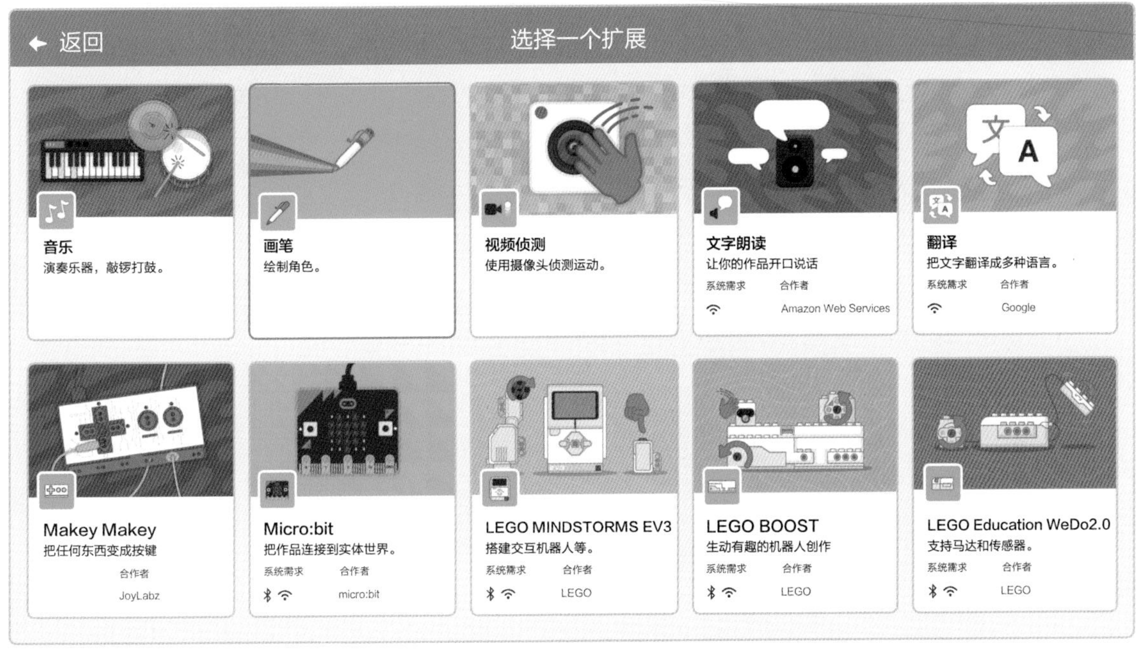

添加后，指令类型中就出现了一个“画笔”类指令。▷

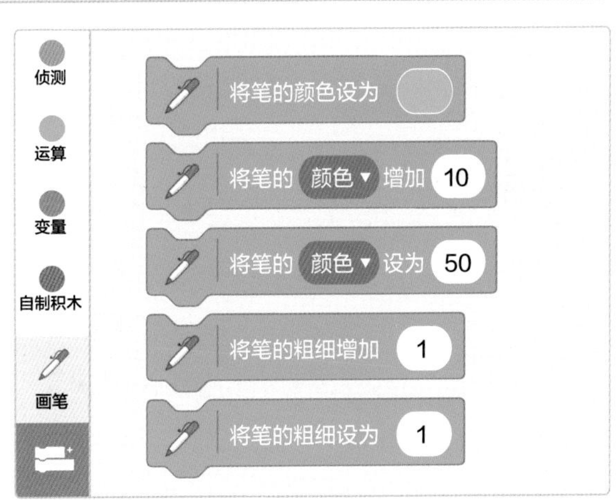

3 绘制直线

现在，先让我们绘制一条直线，初步体验一下画笔吧！当鼠标点击的时候，让画笔绘制出一条直线。

选择“事件”类积木中的“当角色被点击”代码积木，表示当鼠标点击画笔角色的事件，将该代码积木拖曳至脚本区。▷

当角色被点击

在新添加的“画笔”类积木中，找到“将笔的颜色设为……”代码积木，把它添加到脚本区，组合到“当角色被点击”代码积木下方，表示当角色被点击之后，先设置画笔的颜色。▷

点击颜色块，在弹出的面板中通过拖动滑块调整颜色、饱和度和亮度的数值，设置一个你喜欢的颜色。▷

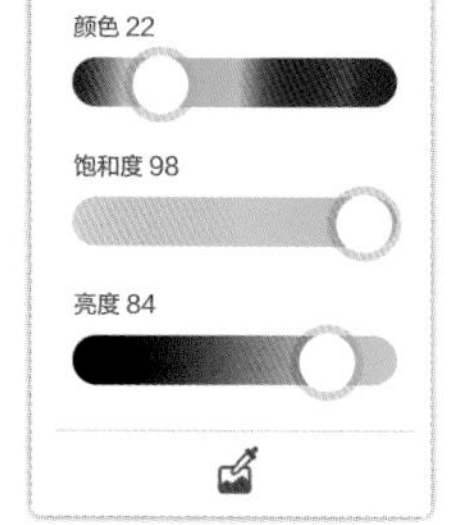

然后，在“画笔”类代码积木中选择“落笔”代码积木，与之前的积木组合在一起，表示可以开始落笔画图了。▷

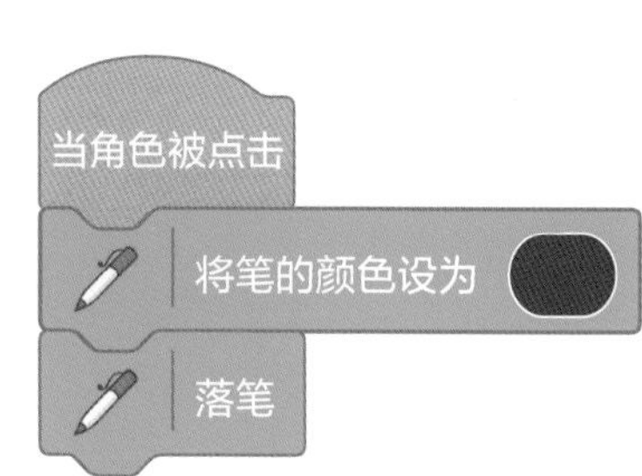

你一定忍不住要点击画笔，并且拖曳画笔看绘制效果了，对不对？先别急，之前说过，画笔运动起来才能留下轨迹。怎么让画笔动起来呢？

让画笔向右移动的操作你一定会，配合循环和移动代码积木就可以了。

选择“控制”类指令下的“重复执行……次”代码积木和“运动”类指令下的“移动……步”代码积木，设置重复执行 50 次，每次移动 2 步。▷

点击画笔，运行结果如右图所示。▷

为什么线条出现在画笔的中间而不是在笔尖位置呢？

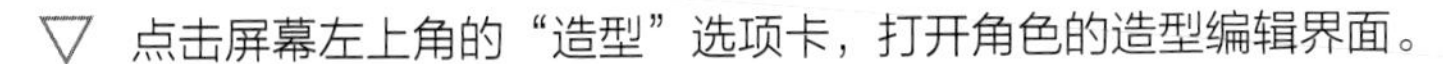

▽ 点击屏幕左上角的“造型”选项卡，打开角色的造型编辑界面。

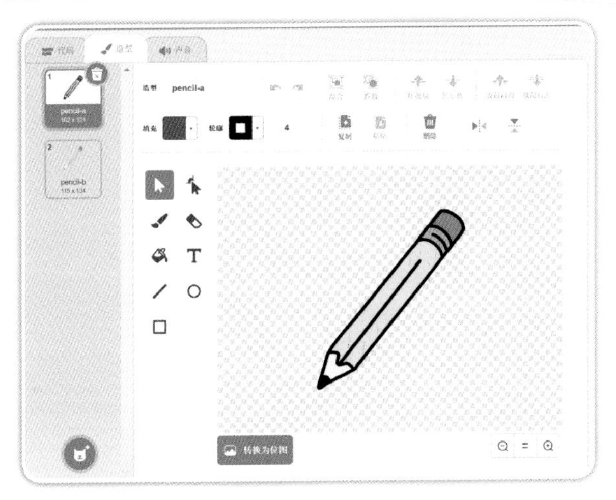

▽ 选择箭头工具，将整个画笔造型图案框选并拖曳到一边，可以看到画布中间有个圆形的中心点。

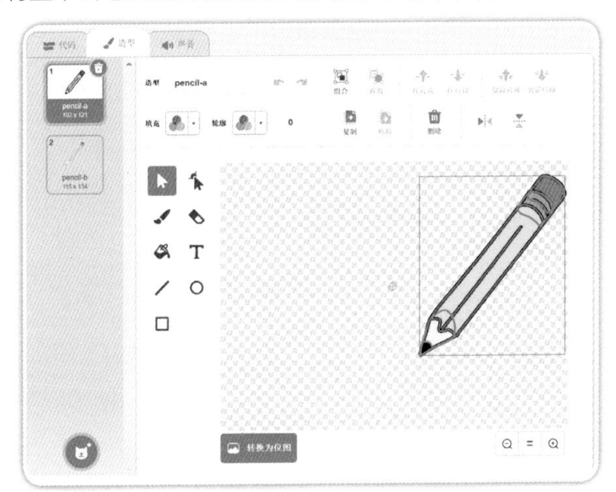

▽ 继续拖曳整个画笔图案，让笔尖对准这个中心点，再画出来的线条就出自笔尖啦！

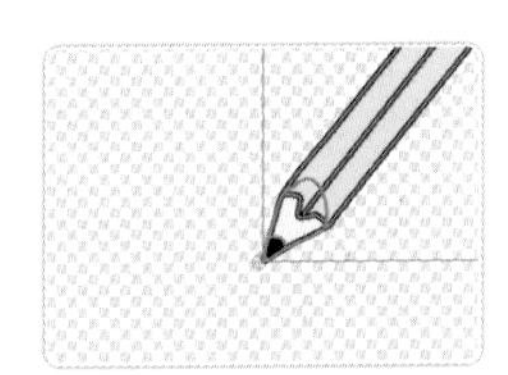

点击“代码”选项卡，切换回代码编辑状态，运行程序，点击画笔，查看结果。△

再次点击舞台上的画笔，它还会继续运动，并绘制一条直线。如果想让它运动完不再绘制了，则要用到抬笔的功能。可以在代码结尾，组合一个“抬笔”代码积木。这个积木在“画笔”类积木中就可以找到哟！▷

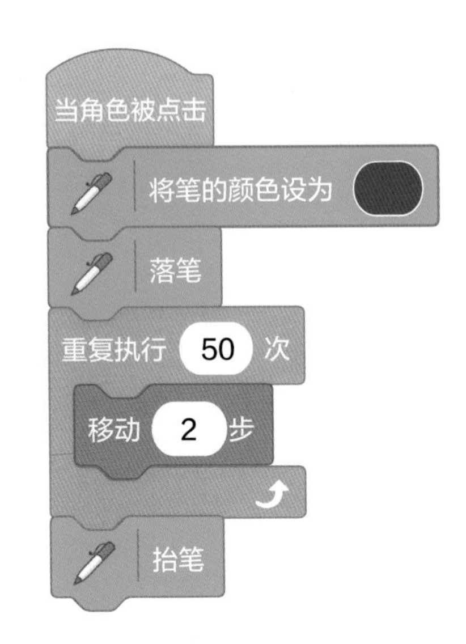

4 清除画笔痕迹

多次点击画笔之后，舞台上画出了很多条直线，点击 按钮重新开始执行也没办法清除。怎么清除这些画笔痕迹呢？▷

Scratch 提供了“全部擦除”功能代码积木，只需要将它跟“事件”类指令下的“当 被点击”积木拼接在一起就可以了，表示当 按钮被点击时，擦除所有图案。

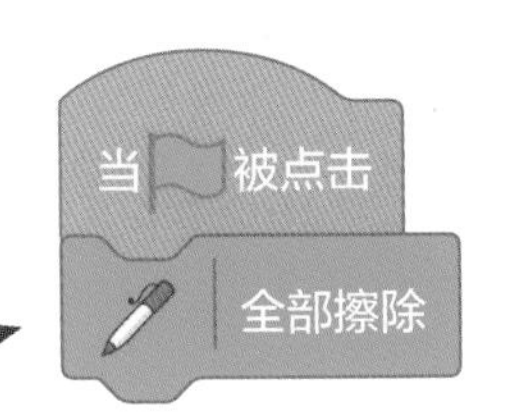

再点击 按钮，画笔痕迹是不是都消失了？

5 绘制几何图案

只会绘制直线可画不出漂亮的花，下面我们将学习如何绘制几何图案。我们热热身，先绘制一个正方形吧！

正方形由四条相等的边组成，先向右画一条边，然后向右旋转 90 度，再画一条边，然后再向右旋转 90 度，画一条边，再旋转 90 度，画一条边，就可以啦！

这么冗长的代码，我们可以用循环来搞定！循环 4 次，每次都让画笔移动一个边长的距离，移动完之后，向右转 90 度。这里要用到循环的嵌套。注意，为了每次开始画之前都是正确的方向，落笔的时候先将画笔朝向统一为面向 90 度方向。

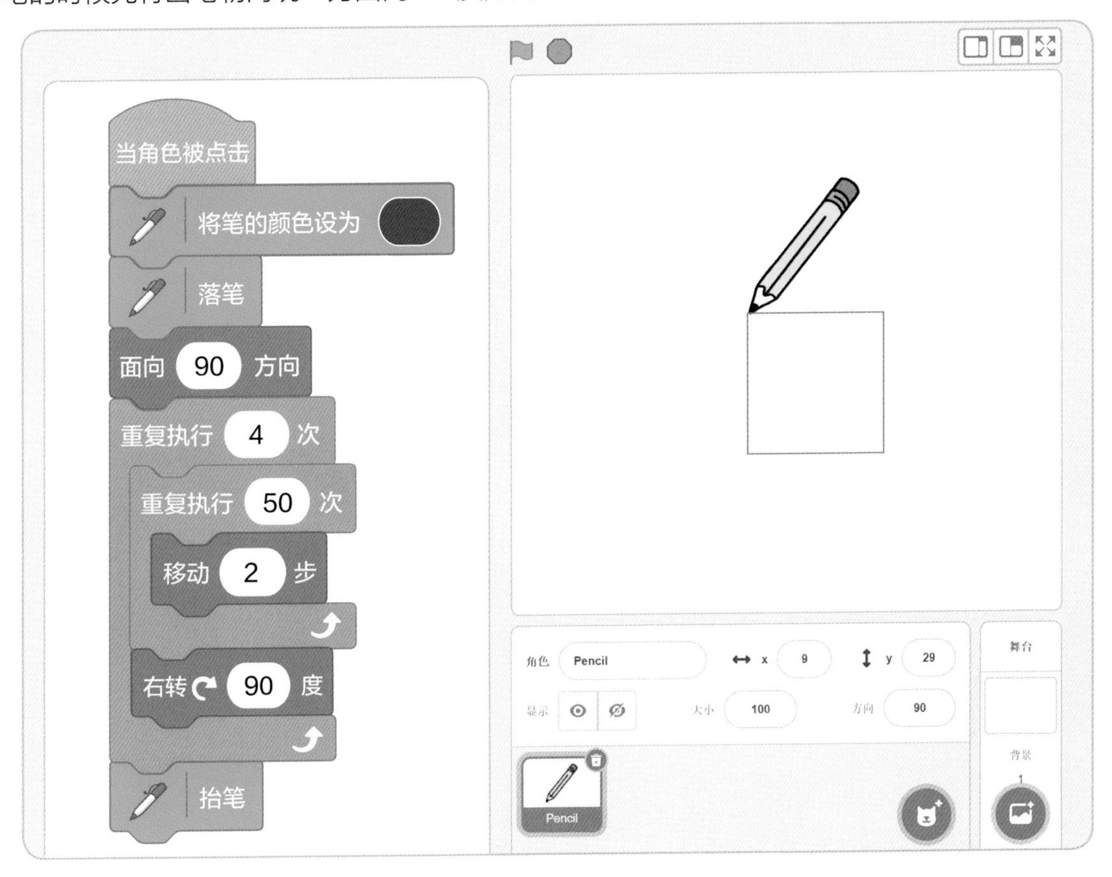

△ 参考图中的代码，绘制一个正方形吧！

绘制正五边形呢？正六边形呢？以一条直线为起始，每次都向右转不同的角度就可以了！

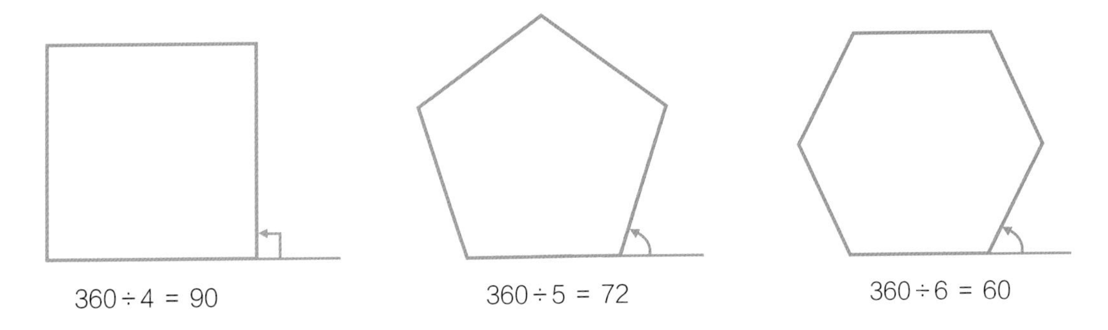

【小贴士】

告诉你一个小窍门：如果是正 N 边形，每次旋转的角度设置成 360 ÷ N（可以在“运算”类代码积木中找到“……/……”做除法计算角度）就可以了。

试试看修改对应边数，多画几种多边形吧。▽

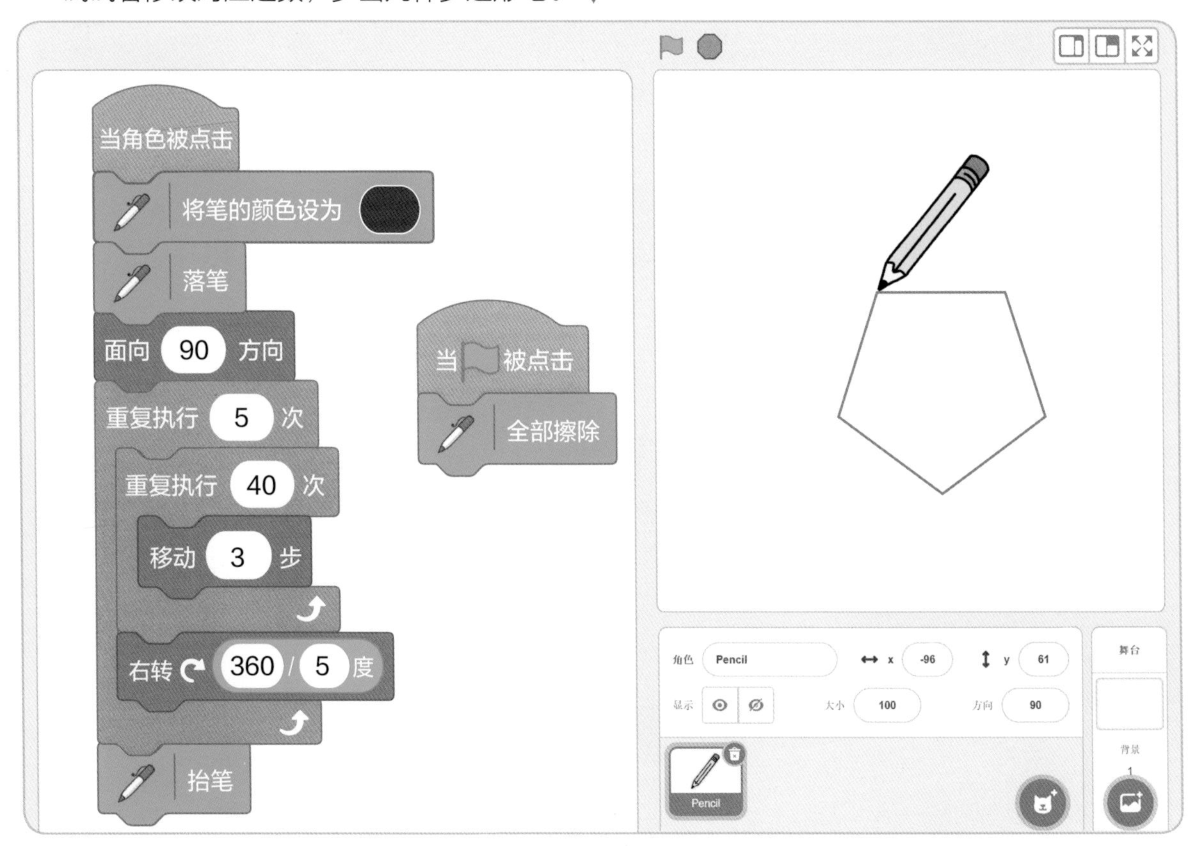

如果想画一个圆形怎么办呢？

圆形可以理解为一个超级正多边形，多边形边数越多，越接近圆形。

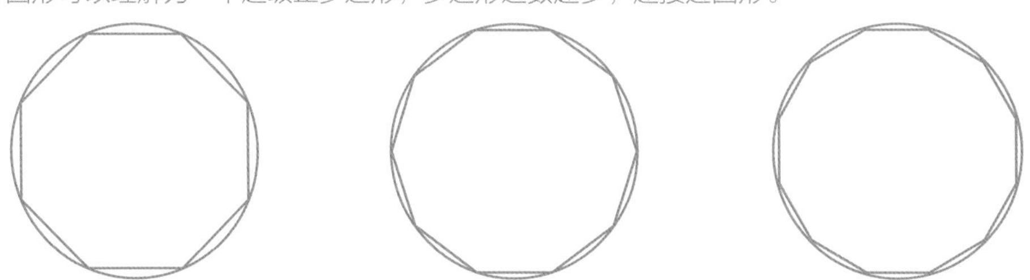

可以通过绘制边数很多的正多边形来模拟圆形，比如正三十边形，但要注意适当调整边长。试试看吧！▽

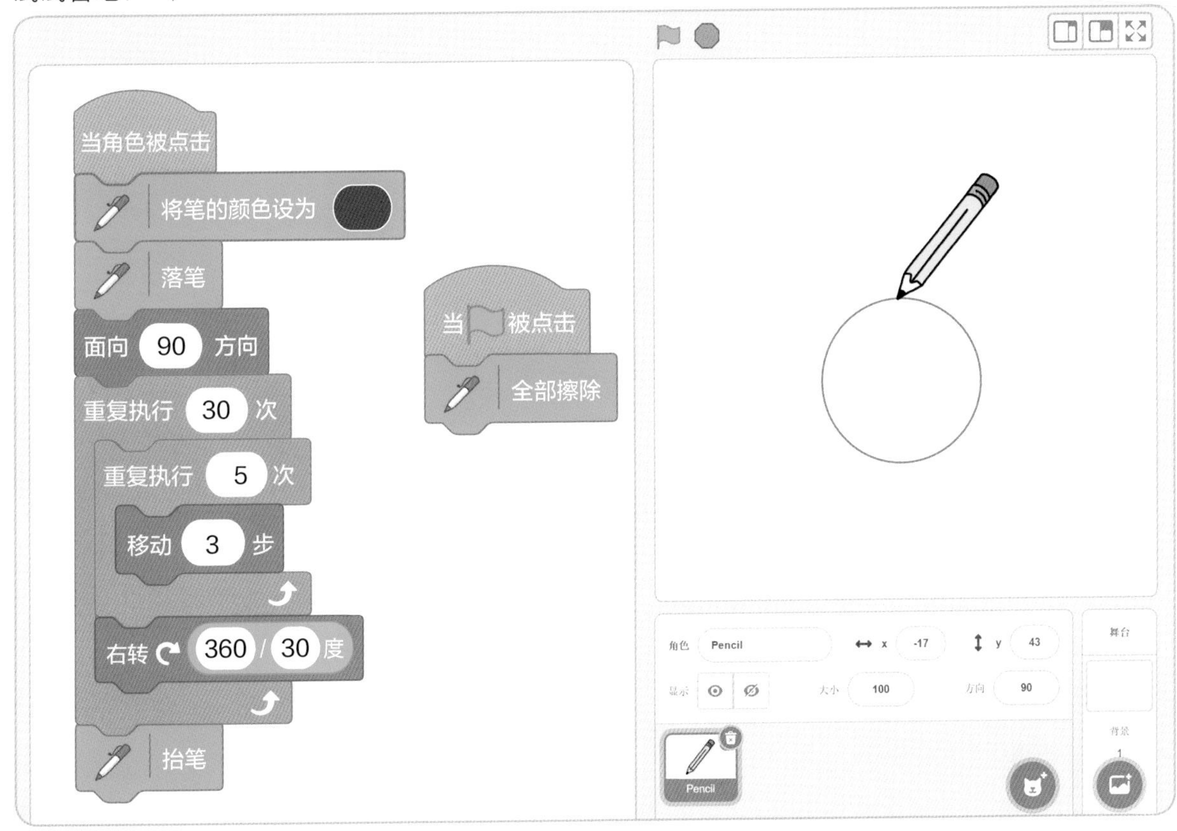

6 利用图章绘制花朵

Scratch 里的图章就像印章一样，将角色的图案盖在舞台上，触发一次图章积木操作，就会在舞台上留下一个图案。尝试写一段图章的代码吧。

图中左侧脚本区的代码含义是：程序启动，清空舞台后重复执行 10 次动作，每次画笔向右移动 20 步，每次移动完毕之后，印上图章。执行代码就得到了右侧舞台区呈现的图案效果。▷

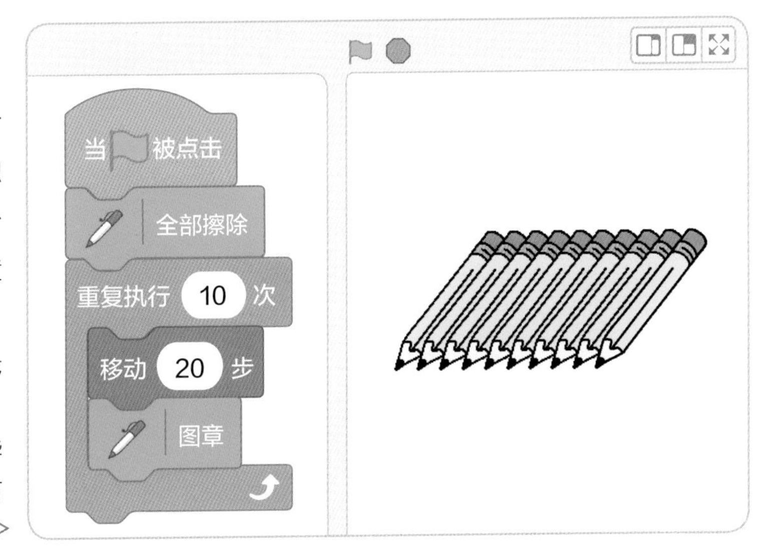

利用图章的功能，还可以绘制更复杂、更有趣的图案。下面我们尝试利用图章功能绘制一朵漂亮的花吧！

花朵由花瓣组成，一片花瓣以圆心为轴旋转并印下图章就可以组成一朵漂亮的花。我们先绘制一个花瓣的角色，然后再让其旋转并印下图章。

鼠标滑过角色区的小猫头像图标，在弹出的菜单中点击第三个“绘制”按钮，打开角色造型编辑面板，绘制花瓣。

利用绘制造型中的画笔工具，点击并拖动鼠标，绘制一片漂亮的花瓣。注意花瓣的起点应该在中间的中心点哟！这也是旋转中心点。画好后的图案如下图所示。 ▽

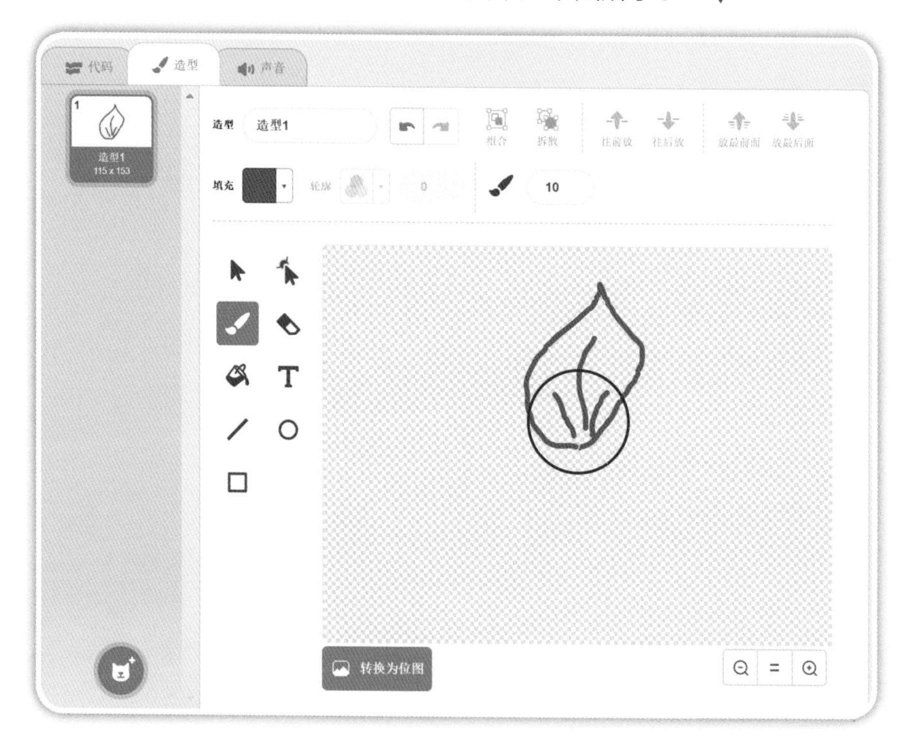

▽ 点击“代码”选项卡，切换到代码编辑状态，编辑花瓣的代码，让其旋转，并印下图章。

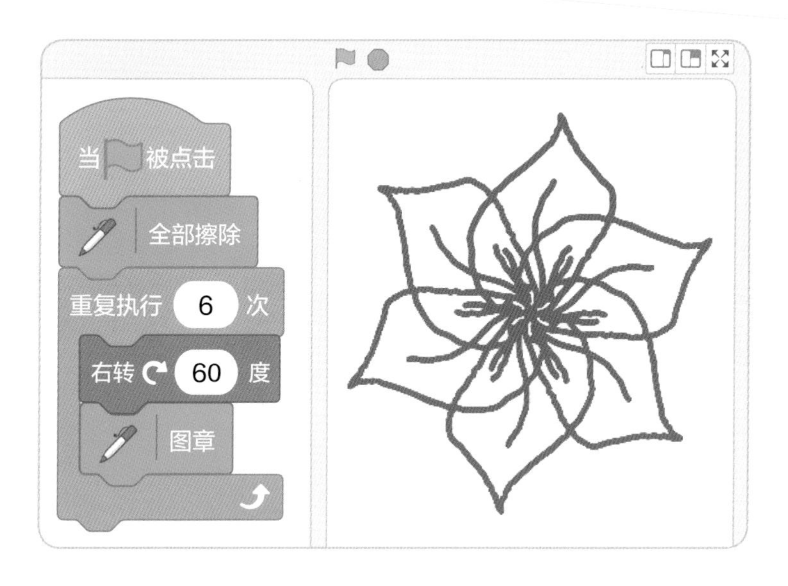

是不是很神奇？不同的花瓣，旋转次数和角度不同，得到的花朵图案也各不相同，快动手试试吧！

7 制作简易画板

第三种绘制图形的方法就是用鼠标来绘图，就像用笔画图一样，那多酷啊！下面我们学习如何做一个这样的简易画板。

首先，把咱们之前的操作保存到电脑上，然后点击菜单栏中的“文件”按钮，创建一个新作品。将角色设置成画笔。操作方法前面讲过，这里不再赘述。

现在我们需要做的就是让鼠标控制画笔，鼠标想在哪里绘制，画笔就跟随到哪里绘制，怎么实现呢?

Scratch 为我们提供了一个“移到……”代码积木，在“运动”类积木中可以找到它。将其拖曳至脚本区，然后点击积木上的阴影部分，将默认的“随机位置”修改成“鼠标指针”就可以了。

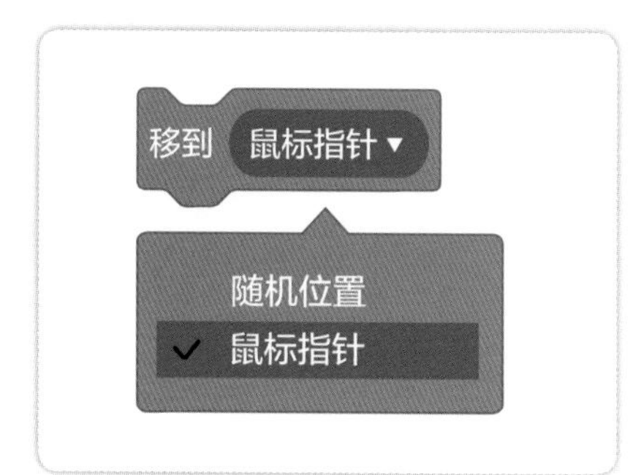

因为鼠标在屏幕上滑动是持续行为，所以这里给画笔一个循环操作。选择“重复执行”代码积木，将其跟刚才的“移到……”代码积木组合。再添加“当 被点击”代码积木与它们组合到一起，表示点击 按钮，动作就开始执行。

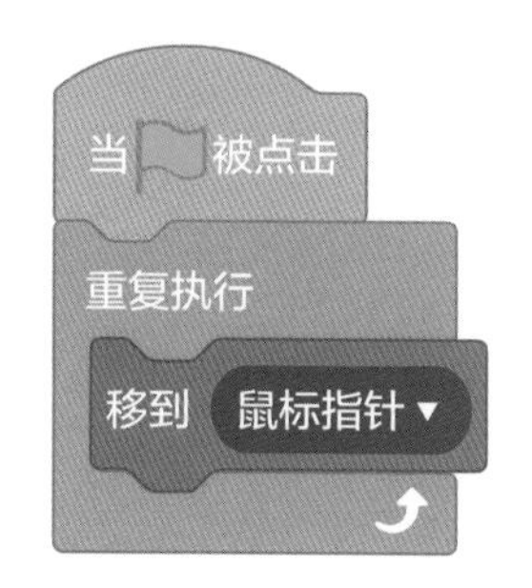

对了，别忘了将画笔的造型图案改到笔尖对准中心。

下一步就是设置鼠标按下时开始画画，鼠标抬起时停止画画。在“侦测”类积木中，找到“按下鼠标？”代码积木，将其拖曳至脚本区。

按下鼠标?

这个积木可以解决我们的大问题！画笔如果检测到鼠标按下，就启动“落笔”；如果检测到鼠标抬起，就启动“抬笔”。

具体代码如下图所示，检查一下你有没有做对？ ▽

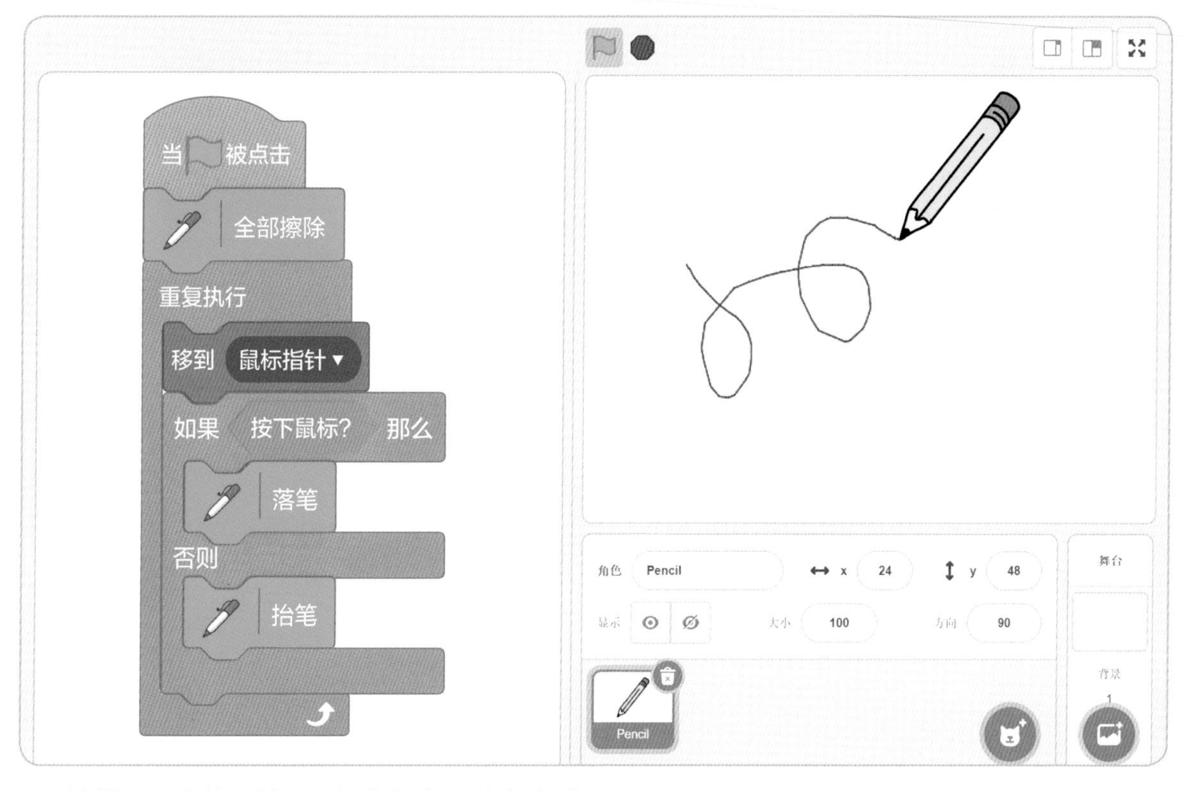

这样是不是就可以用鼠标在舞台上随意绘制了？

是的，不过这还不够！哈哈，别急，因为花园里的花朵肯定是五颜六色的。

我们顺便配置一个调色板怎么样？这样你就能画出多种颜色的花朵了！

添加四个绘制的色块角色。点击绘制角色按钮，在绘制角色面板画一个正方形并填充黄色颜色，代表黄色色块。 ▷

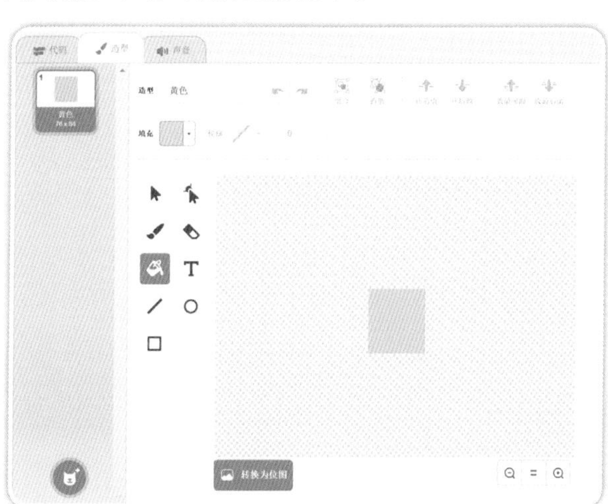

为了让四个色块大小一致，我们可以采用复制角色的功能。在角色区，右键点击刚刚创建的黄色色块，在弹出的快捷菜单中选择“复制”。

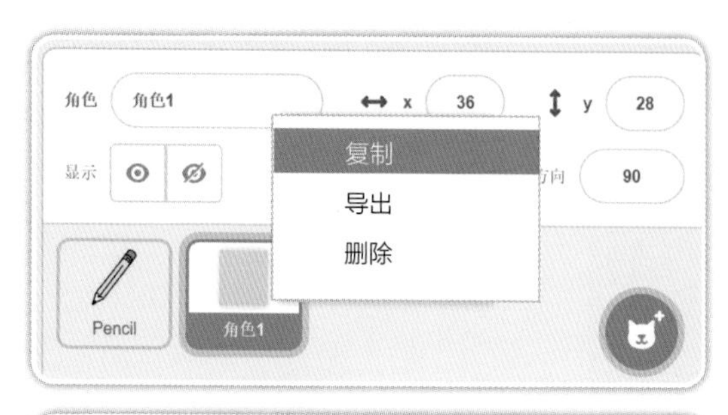

复制三个色块，分别在造型编辑状态修改颜色，然后将这四个角色摆放在舞台的合适位置。

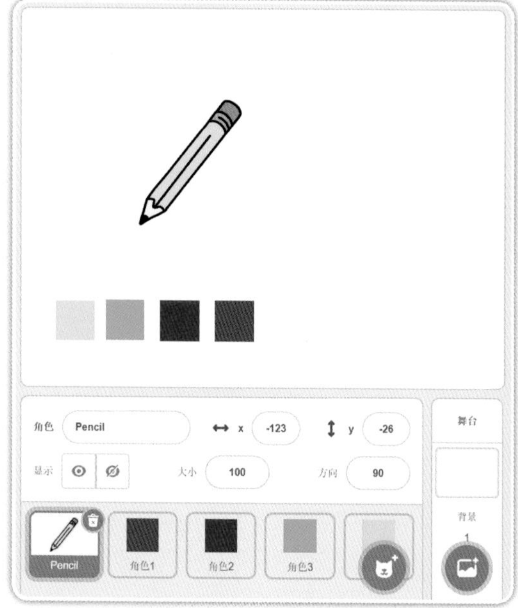

我们利用消息模块来设置画笔颜色。消息的使用还记得吗？有角色在一定条件下发消息，有角色接消息，当接到消息的时候就去处理。

在本次任务中，当鼠标点击某个色块的时候，将会广播一条消息：“设置成……颜色”，比如黄色色块被点击，它将发送“设置成黄色”的广播消息，然后当画笔接收到“设置成黄色”消息时，就将画笔颜色设置成黄色。这就需要用到“当角色被点击”和“广播……”代码积木。在角色区用鼠标点击选择黄色色块角色，切换到黄色色块的脚本区中编写如下图所示代码。

注意，这段代码是写在黄色色块的脚本区哟！

这条消息会被画笔角色响应。点击角色区的画笔角色，在画笔角色的脚本区编写代码：当接收到“设置成黄色”消息时，将画笔颜色设置成黄色。具体代码如下图所示。

注意，这段代码是写在画笔的脚本区哟！

其他色块的处理方法也是一样的。 ▽

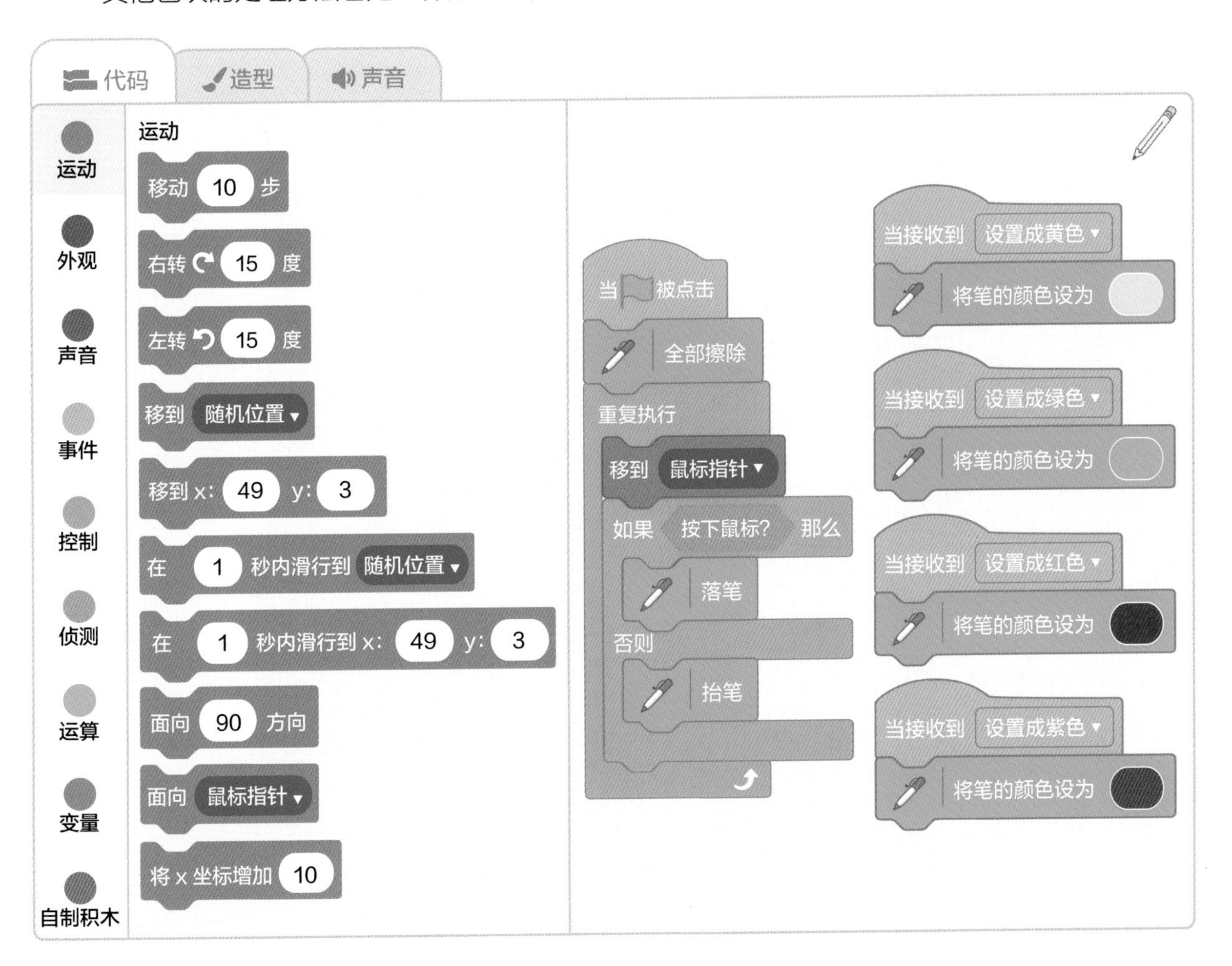

运行与优化

好了，现在我们就可以随意绘制我们的魔法花园啦！运行程序体验一下吧！

看见美丽的花朵，心情变得更好了。现在整理一下本次任务的程序代码，回味美好的经历吧！

【小贴士】

使用系统提供的“Pencil”角色当画笔进行绘图时，不要忘记移动图案让笔尖对准中心点；绘制花瓣时，最好也让旋转中心对准中心点；在编写代码时，不同角色都有自己单独的脚本区，不要将代码都写到“Pencil”角色的脚本区当中。

绘制几何图案代码

绘制正方形的代码如下图所示，你可以在此基础上进行拓展，绘制其他的几何图形。▽

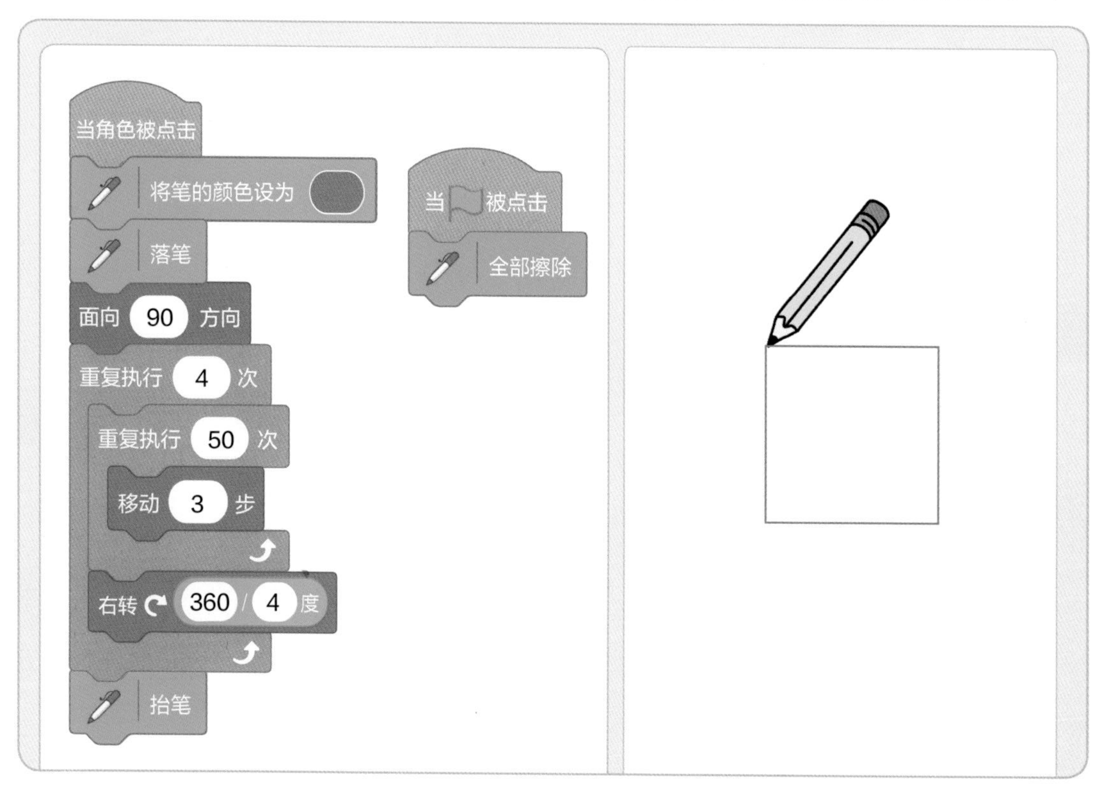

绘制花朵代码

利用图章绘制花朵是件开心的事情，但是你要计算好旋转的次数和角度。为了稳妥起见，多绘制一次，因为有的时候花朵可能画不全。当然你可以自由发挥，画出更多更漂亮的花朵！

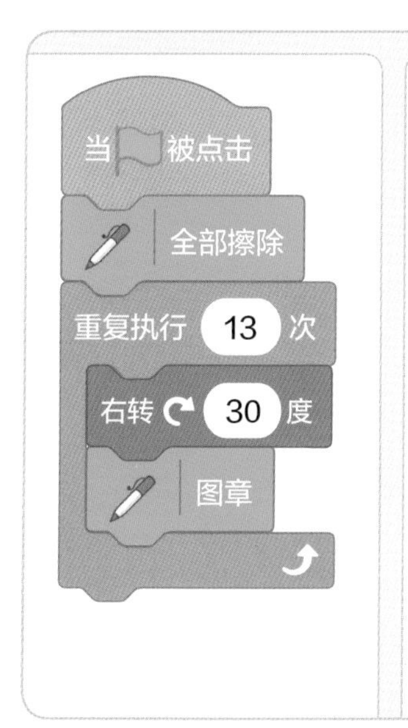

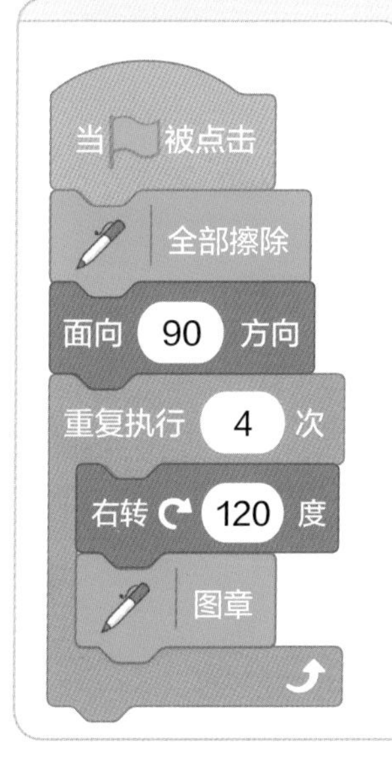

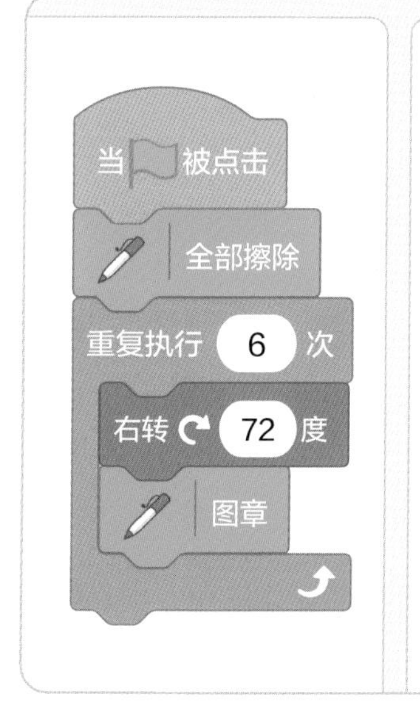

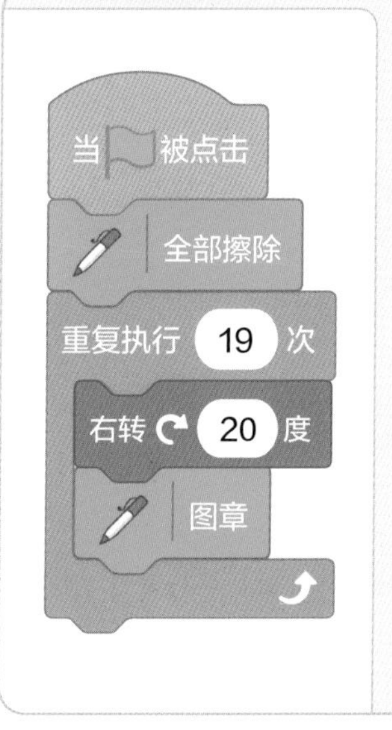

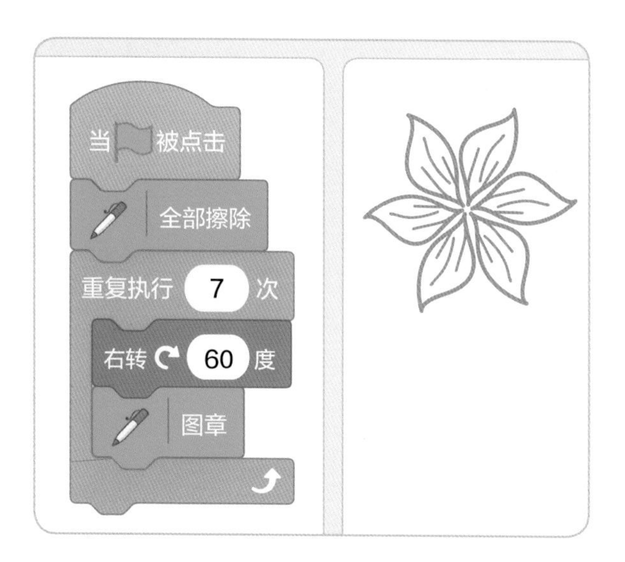

简易画板代码

制作简易画板需要创建画笔角色和几个颜色的角色。画笔动作主要处理了跟鼠标的关系，一是跟随鼠标而动，二是鼠标按下的时候“落笔”，鼠标抬起的时候“抬笔”；颜色色块会侦听点击信息，如果被点击，则广播颜色消息，画笔根据接收到的颜色信息调整颜色。注意不同角色的代码不同哟！不是都写到一个角色的脚本区域里面。

▽ 画笔角色脚本代码

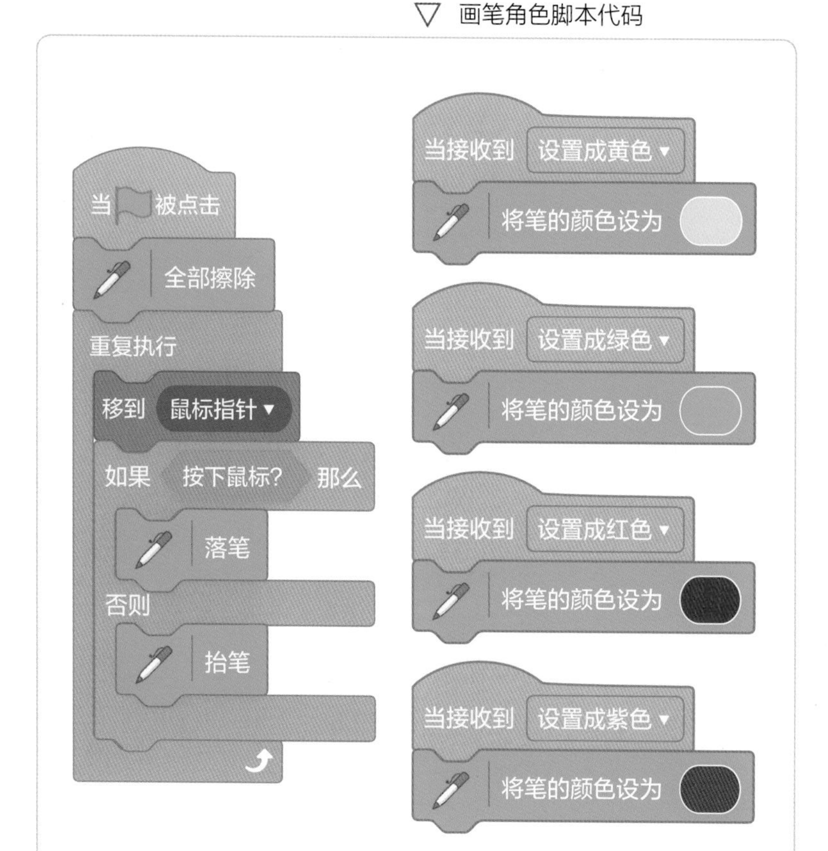

黄色色块角色脚本代码 ▽

当角色被点击
广播 设置成黄色

绿色色块角色脚本代码 ▽

红色色块角色脚本代码 ▽

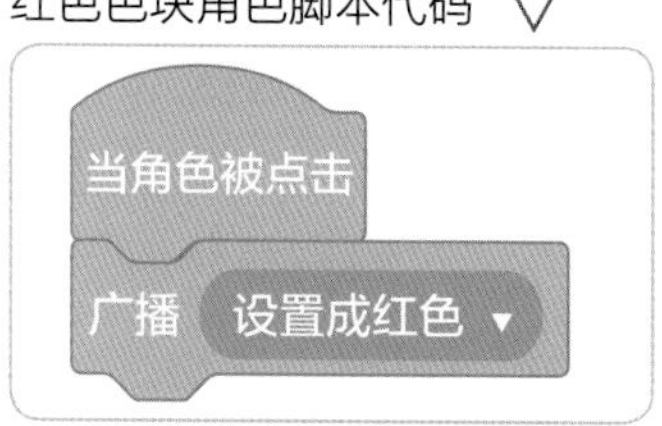

紫色色块角色脚本代码 ▽

当角色被点击
广播 设置成紫色

思维导图大盘点

用思维导图来回顾一下本次任务的编程思路和要点吧！

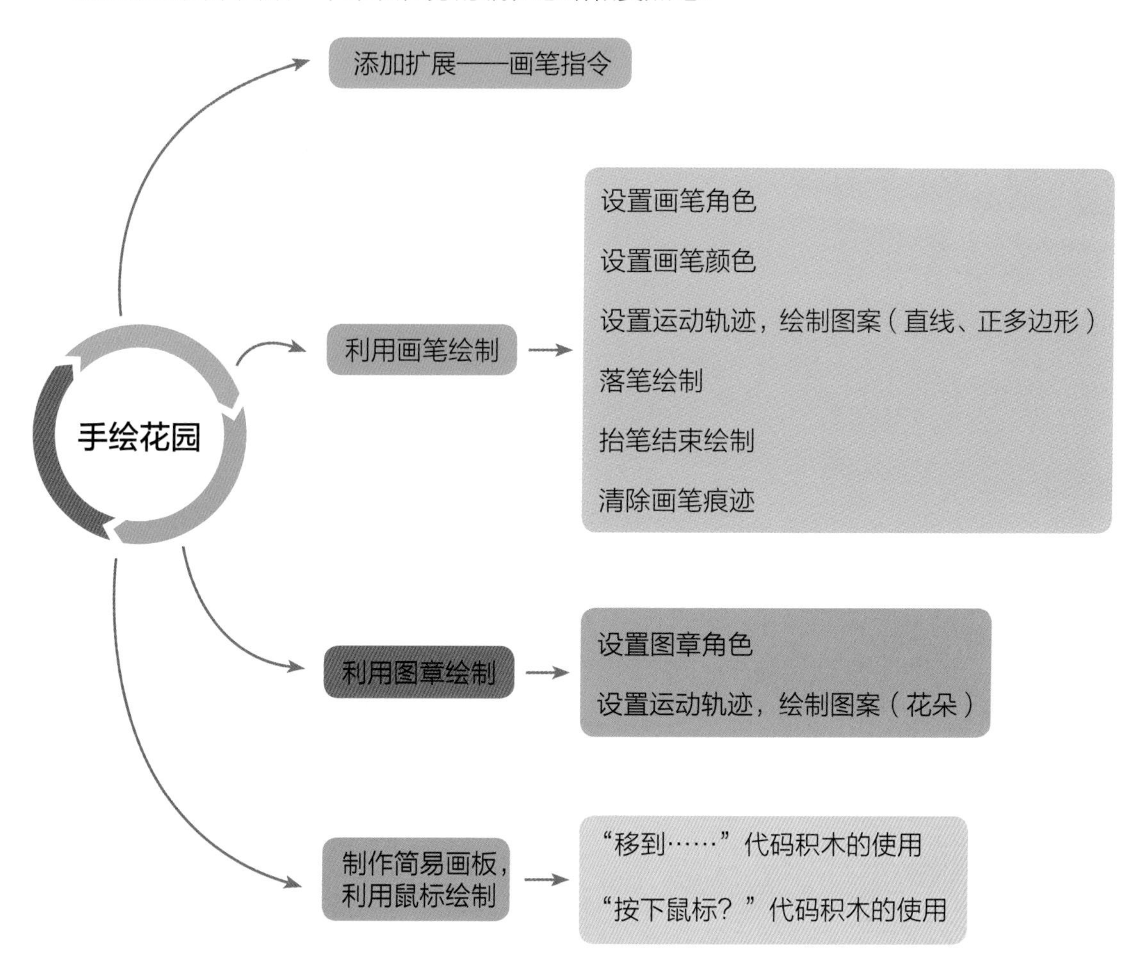

挑战新任务

既然心情这么美丽，那就多创作一些漂亮的花朵吧！

另外，我们的画板代码还是比较简单的，你可以尝试添加一块橡皮，或者更多的颜色色块，还可以设置画笔的粗细！开动你的小脑筋研究一下！

无厘头故事会

解锁新技能

- 字符串连接
- 利用语法规则自动生成语句
- 翻译积木的使用

小壹还沉浸在画画的乐趣里，只听见有人喊：“快走呀！神奇故事会开始啦！”

小壹放下画笔，站起身也跟了过去……

只见前面的舞台上，有一个机器人在讲故事，还赢得了阵阵掌声和欢呼声。

“大魔王昨天在草垛上优雅地捉老鼠。小飞侠星期一在海洋里开心地吃苹果……”

啊？这也叫讲故事啊？！那我也会！“小花猫星期天在森林里开心地钓鱼！大猩猩去年在电视里唱歌！……”

大家听到小壹的碎碎念，知道小壹也会讲故事，就把小壹团团围住，让小壹也讲几个故事……

小壹讲得口都干了，快来编个小程序帮他讲故事吧！

领取任务

一个故事的基本结构是什么样的？就是“谁在做什么”。稍加丰富就是：谁、什么时候、在哪里、做什么。

“主谓宾、定状补，主干枝叶分清楚。定语必居主宾前，谓前为状谓后补。状语有时位主前，逗号分开心有数。”

句子由主语、谓语和宾语等结构组成。我们自动讲故事的思路就是将主语、谓语、宾语、状语、定语等结构的备选词语预先用列表保存起来，然后随机从列表中选取元素，按照基础句子语法结构将其连接起来就可以了。

例如，在定语列表中选取一个词“美丽的”，然后在主语列表中选取一个词“小白兔”，在时间状语列表中选取一个词“昨天”，在地点状语列表中选取一个词“在大树下”，在方式状语列表中选取一个词“懒洋洋地”，在谓语列表中选取一个词“看”，在宾语列表中选取一个词“老鼠”，这样连起来就是“美丽的小白兔昨天在大树下懒洋洋地看老鼠”，是不是语言风格像极了舞台上的机器人啊！

如果你想听不同语言的故事，还可以引入翻译模块，将故事翻译成各个国家的语言讲出来！

现在快打开 Scratch 编辑器，让我们尝试一下如何让计算机自己编写故事吧！

一步一步学编程

1 设置小壹角色

这次小壹要亲自出马去讲故事，所以先将默认的小猫角色替换为小壹。删掉系统默认角色，添加小壹角色。这次我们要用到素材包（素材包位置：玩转 Scratch4/ 案例 7/4-7 案例素材）中小壹正面演讲的角色造型。

2 设置舞台背景

讲故事一定是在舞台上讲喽！将默认的空白背景切换成素材包（素材包位置：玩转 Scratch4/ 案例 7/4-7 案例素材）提供的舞台背景。

根据舞台和角色的大小关系，将小壹角色大小改为 50，并用鼠标将小壹角色拖曳至舞台的中间位置。

添加完角色和背景，接下来就期待小壹的精彩表现吧！

3 创建句子成分列表

之前我们讨论过，自动讲故事程序就是从预先保存词语的列表中选取已有的词语，按照一定的语法规则连接起来。

语法规则可以是“定语 + 主语 + 时间状语 + 地点状语 + 方式状语 + 谓语 + 宾语”，其中，主语、谓语和宾语是句子的核心成分，定语和状语是可选可不选的成分。

根据这样的规则，我们需要建立七个列表。其中非核心成分可以有空的元素，比如定语，可以没有，之前的例子是“美丽的小白兔”，那么没有定语就是“小白兔”，这样没有定语修饰也是可以的。

在“变量”类积木中点击“建立一个列表”。新的列表名称设定为“主语”，点击“确定”按钮，添加“主语”列表。▷

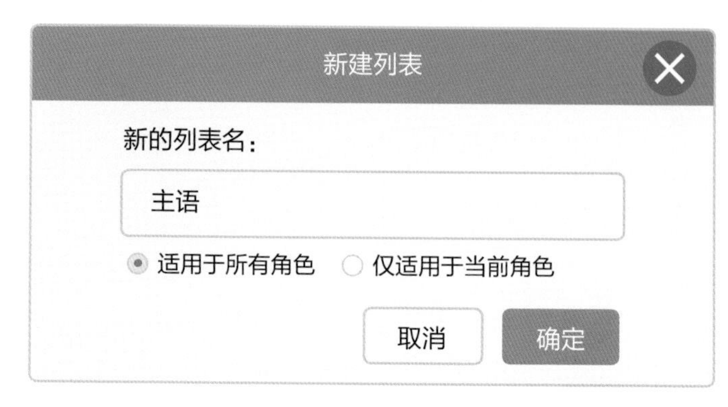

添加“主语”列表之后，在左侧“变量”类积木中，就多了一个名为“主语”的积木。▷

细心的你一定发现了在右侧舞台区有个空的主语列表出现了。▽

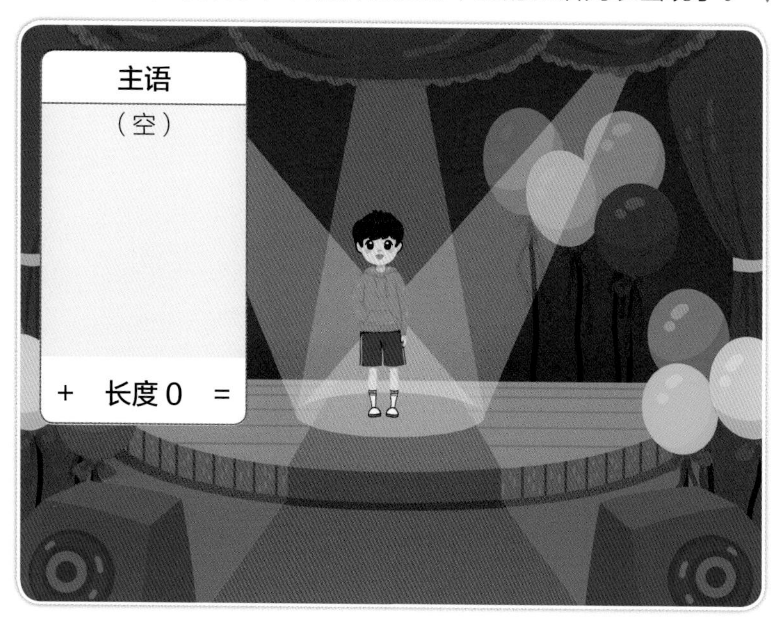

在本次任务中，共需要建立主语、谓语、宾语、时间状语、地点状语、方式状语、定语七个列表。▷

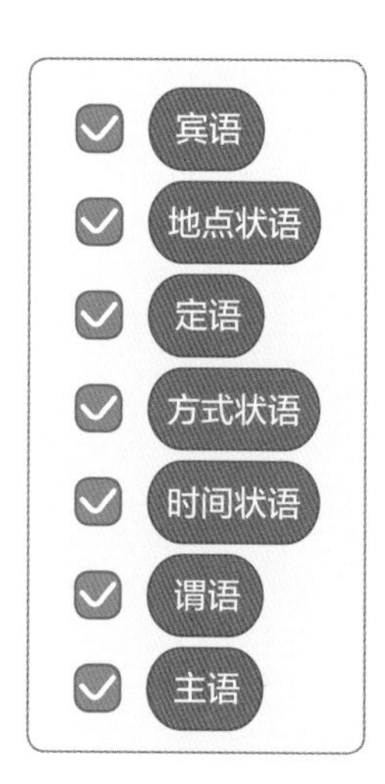

建立列表之后，我们需要将备用词语分别加入各个列表当中，这里使用“将……加入……”代码积木对七个列表进行初始化。▽

将 东西 加入 宾语▾

比如我们要在主语列表中添加“大猩猩”，那么就拖曳一个“将……加入……”代码积木到脚本区，在文本框中添加“大猩猩”，然后点击后面的三角符号所在的位置，选择下拉列表名字为“主语”。▷

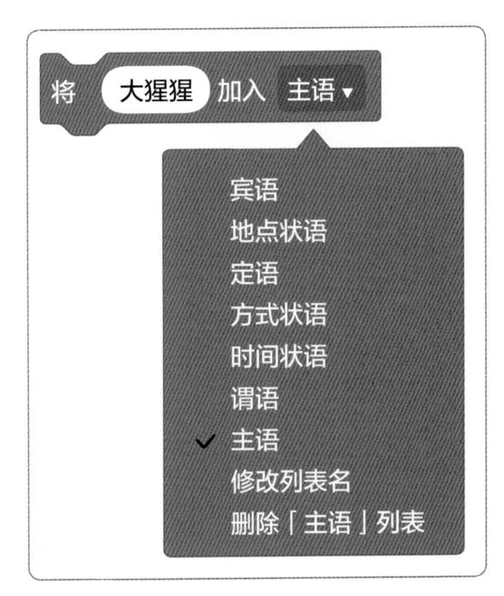

▽ 在每个列表中分别要加入的预选词语见下表。

句子成分	预选词语
主语	大猩猩、小花猫、小白兔、狗熊、外星人、国王、王后、王子、公主、恐龙先生
谓语	吃、捉、看、打扫
宾语	苹果、香蕉、胡萝卜、老鼠、坏蛋、香肠、蛋糕、地板、面包、冰箱
时间状语	昨天、今天、前天、今年、去年、前年、星期一、星期二、星期三、星期四、星期五、星期六、星期日、刚才、很久很久以前
地点状语	在森林里、在大树下、在公园里、在小河边、在玉米地、在马路上、在飞机上
方式状语	仔细地、开心地、沮丧地、蹦蹦跳跳地、懒洋洋地、小心翼翼地、紧张地、生气地
定语	胖胖的、瘦瘦的、美丽的、巨大的、晕乎乎的、古灵精怪的、和蔼的、善良的

注意，这些列表均在“当🏁被点击”的事件发生时被初始化，同时记得将之前的内容清空掉；而且因为除了主语、谓语和宾语成分是必须的，其他都是可选的，所以在其他列表末尾添加一个空元素进去。地点状语列表的初始化方法如图所示，其他类似。▽

添加了列表之后，我们在舞台上也可以看到列表中的内容。不过，列表的内容太多了，都把小壹给挡住了！

不要紧，用鼠标将这些列表挪开就行啦！也可以通过鼠标拖曳舞台上列表右下角的等号来调整列表的大小。▷

▽ 调整结果如图所示。

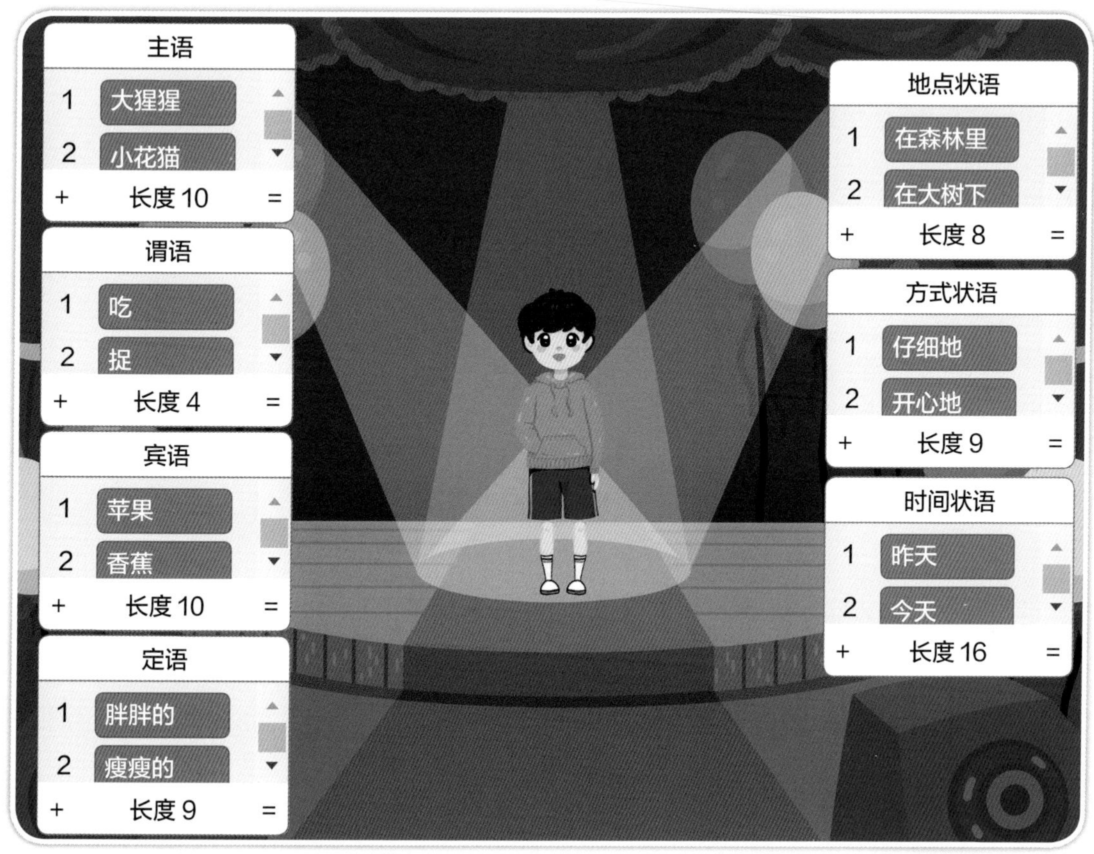

或者，我们可以将列表隐藏起来，因为都摆在舞台上，影响大家看小壹啦！在“变量”类积木中找到“隐藏列表……”代码积木。我们可以将这个代码加入“当🏳被点击”事件后，这样列表就不会在舞台上显示出来啦。

拖曳七个“隐藏列表……”代码积木到脚本区，拼接到“当🏳被点击”积木下。点击三角符号所在的位置，在下拉列表中分别选择我们刚刚建立的几个列表名。▷

4 组合故事

万事俱备，只欠东风啦！下面我们开始学习如何让计算机自动讲故事！

其实很简单，就是从各个列表中随机选取一个词语元素，然后按照句子的语法规则，把它们连接起来就可以啦！

随机从列表中选取一个元素就是列表访问的问题。这里，我们将用到三个代码积木，分别是“运算”类指令下的“在……和……之间取随机数”；“变量”类指令下的“……的第……项”和“……的项目数”。

我们从列表中随机选取一个元素，一定会使用“……的第……项”，那么到底是第几项呢？就是在 1 到项目数之间选取一个。如何组合呢？请你尝试着组合一下，看和下图的代码是否一样。

宾语 ▾ 的第 在 1 和 宾语 ▾ 的项目数 之间取随机数 项

以上是在宾语的列表里随机选取某一项，那么随机选取其他列表中的某一项，你是不是也学会了呢？

是的，点击“宾语”所在的位置，在弹出的下拉列表中选择其他的列表名称就可以了！

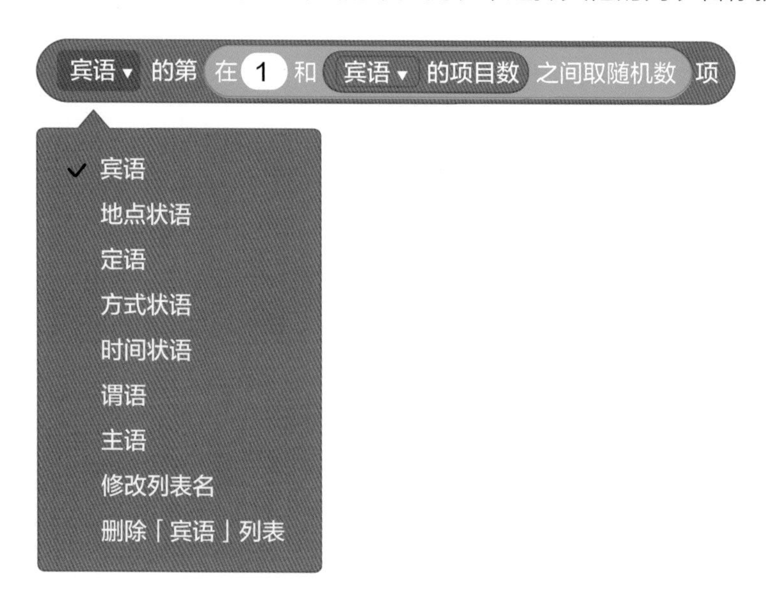

下面我们让这些句子成分连接起来！在“运算”类积木中找到“连接……和……”代码积木。

连接 apple 和 banana

▽ 如果定语和主语相连接，把从定语列表中随机取出的某一项和从主语列表中随机取出的某一项相连接就可以啦！

连接 定语▾ 的第 在 1 和 定语▾ 的项目数 之间取随机数 项 和 主语▾ 的第 在 1 和 主语▾ 的项目数 之间取随机数 项

咱们这个程序里有七个句子成分呢！连接起来是不是太长啦？！怎么办呢？设置一个叫“故事”的变量，让其不断地将后面的句子成分连接起来就好啦！

事先设置：

故事 = “”（事先让故事变量表示一个空字符串）

然后让它与定语结合：

故事 = 故事 + 定语（例如“”+“美丽的”，现在故事变量就成了“美丽的”）

接下来让它继续与主语结合：

故事 = 故事 + 主语（现在的故事变量已经代表“美丽的”字符串，与主语“小白兔”结合，故事变量就成了“美丽的小白兔”）

如果继续再跟时间状语结合：

故事 = 故事 + 时间状语（如果时间状语是“昨天”，那么故事变量就成了“美丽的小白兔昨天”）

继续跟地点状语结合：

故事 = 故事 + 地点状语（如地点状语是“在大树下”，那么故事变量就成了“美丽的小白兔昨天在大树下”）

……

明白了吗？让句子成分一步一步叠加到故事变量上就对啦！

点击“变量”类积木中的“新建一个变量”按钮，新建“故事”变量。▷

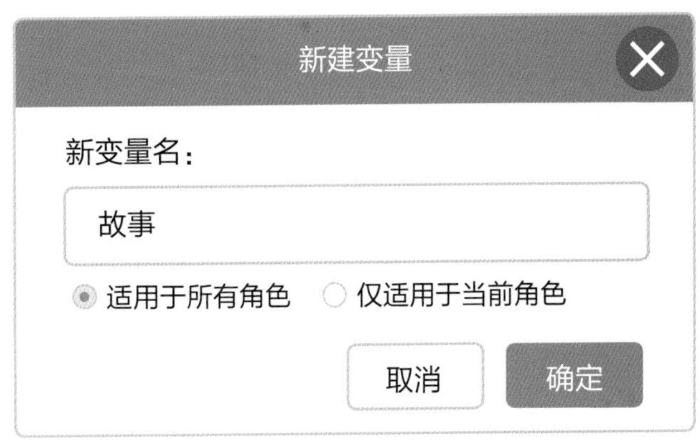

使用“将……设为……”代码积木将“故事”初始化为空字符串。▷

然后让“故事”变量与定语相关联，更新“故事”变量的值。▽

按照语法规则，将“故事”变量与句子其他成分分别连接起来。

我们可以给小壹添加一些互动，当点击空格键的时候，设置故事的内容，最重要的是能够讲出来，这里我们将使用“外观”类积木的“说……”代码积木，将“故事”说出来。

新建的变量会自动显示在舞台上，我们也用“隐藏变量……”代码积木，把它藏起来，把舞台最大程度留给小壹。

整理小壹讲故事的代码积木，如下图所示。▽

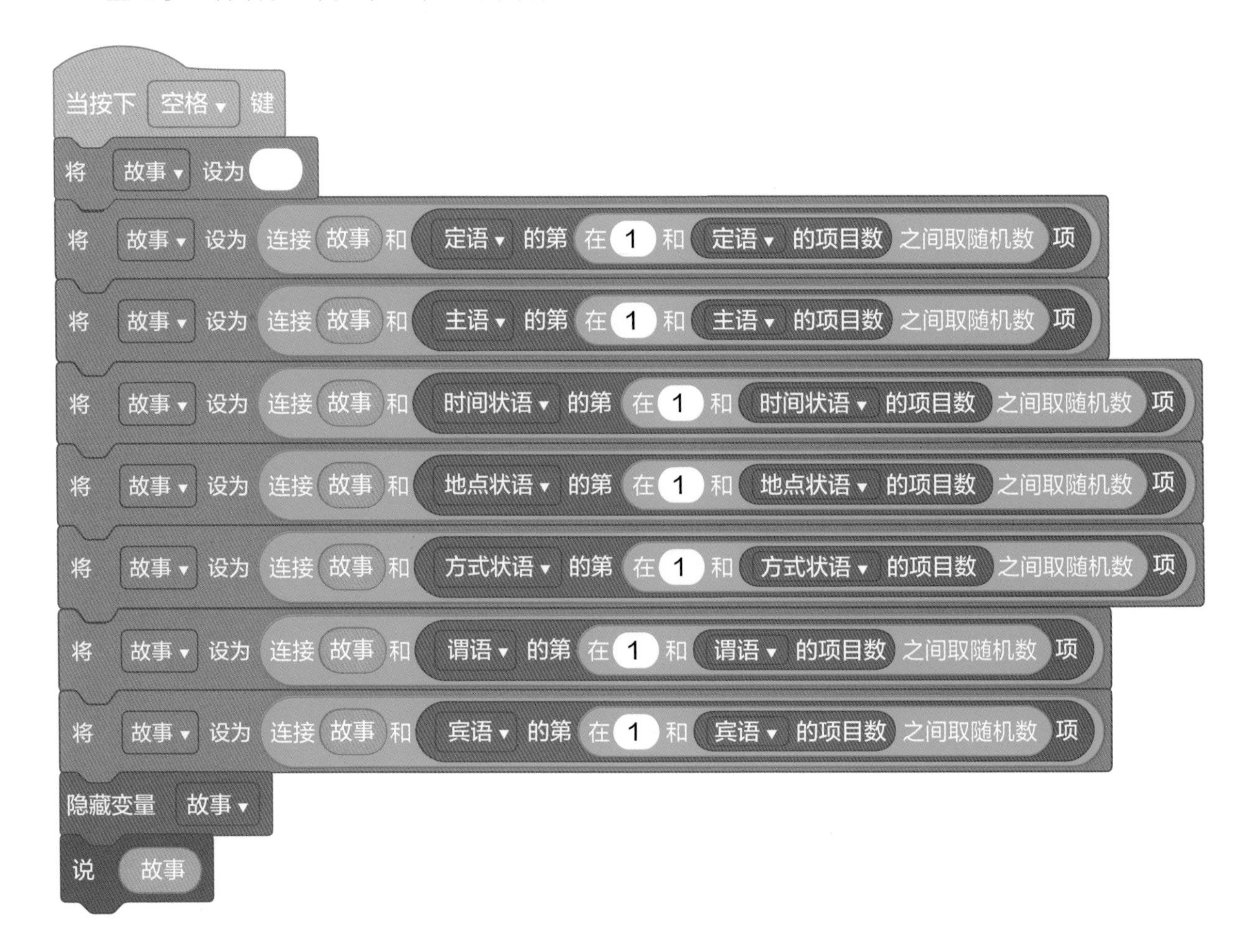

点击 按钮，运行程序，看看什么效果？小壹这下讲起故事来就轻松极了！

5 会讲多种语言的小壹

台下的观众们来自不同的国家。他们不仅让小壹讲故事，还要让他用不同的语言讲故事。这可怎么办呢？现学也来不及啊！还好 Scratch 贴心，为我们提供了翻译的功能，看看怎么使用吧！

找到屏幕左下角的“添加扩展”图标。

点击打开“选择一个扩展”对话框，这个界面我们以前见过哟！点击“翻译”，添加“翻译”类指令，就可以将我们的故事翻译成各个国家的语言了！

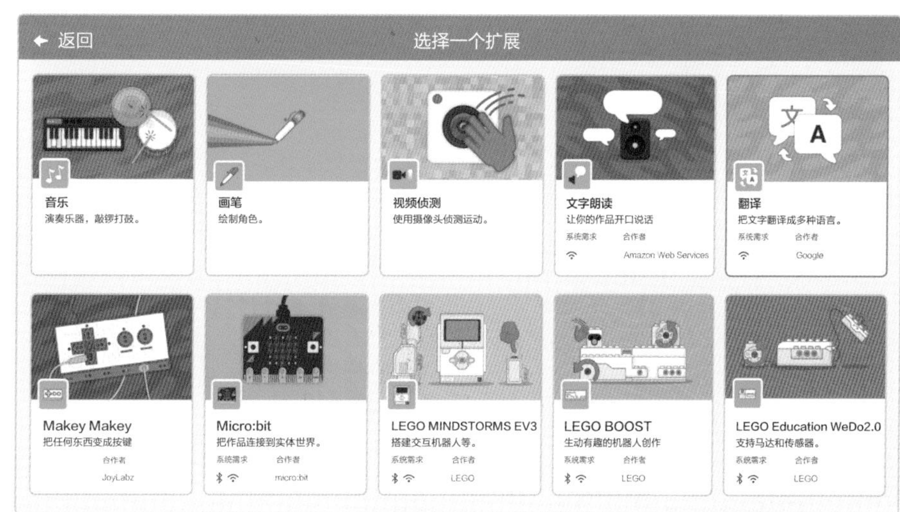

这样左侧指令区就多了一个“翻译”类指令，旁边的积木中有个“将……译为……”代码积木。

将 你好 译为 塞尔维亚语 ▾

我们是不是就可以将故事翻译成各种语言了呢？当然喽！

将这个代码积木与故事连接起来，选择你要翻译的语言，然后“说”出来，就可以啦！

点击空格键试试，小壹不仅用中文讲了一遍故事，然后还用英文再讲了一遍故事！尝试一下其他语言吧。虽然我们不一定能看懂，但相信台下有观众可以听懂哟！

运行与优化

现在我们已经能够让计算机替小壹讲故事啦！我们也来当观众，听一听计算机讲的故事吧！无厘头的故事，听起来还真有趣呢！

初始化列表代码。注意：在非必须选项的列表中，添加空元素，表示不参与组合。

当 被点击
删除 谓语 的全部项目
将 吃 加入 谓语
将 捉 加入 谓语
将 看 加入 谓语
将 打扫 加入 谓语

隐藏列表，让其不显示在舞台上。

讲故事的代码，让字符串进行连接，形成故事语句，并通过“说……”代码积木将故事讲出来。利用“翻译”代码积木，把故事翻译成各种语言。

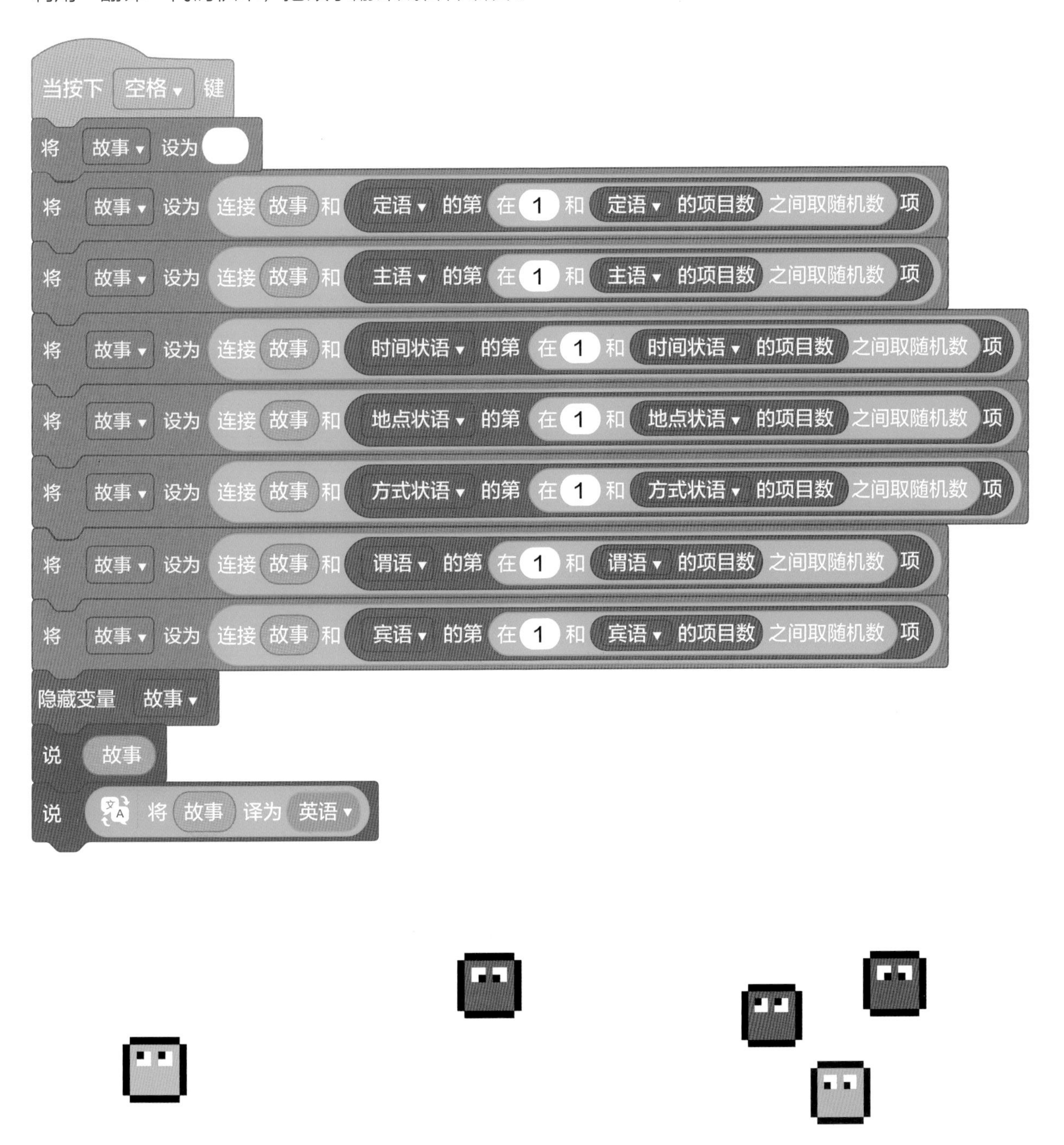

思维导图大盘点

用思维导图来回顾一下本次任务的编程思路和要点吧！

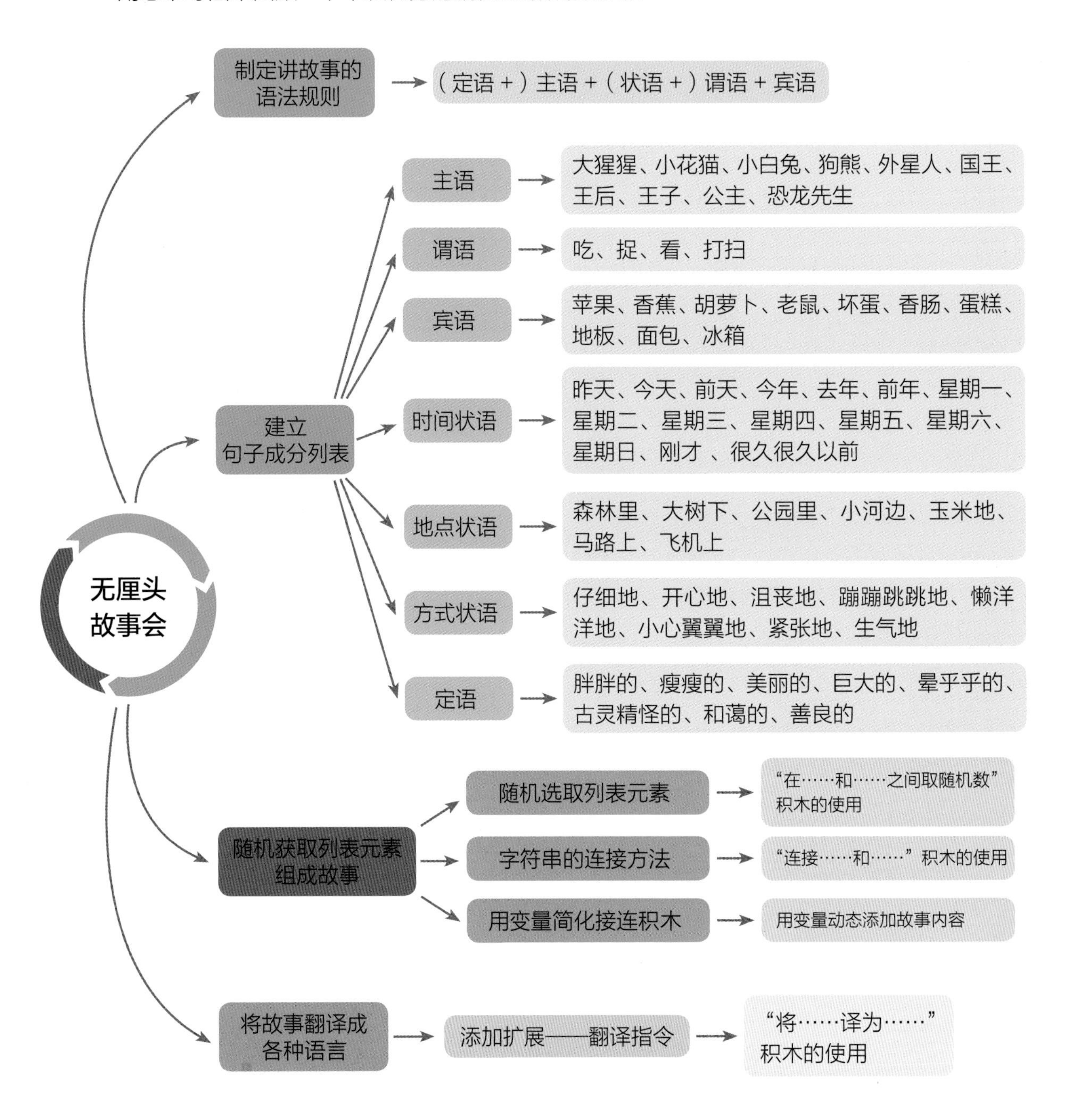

挑战新任务

跟讲故事一样，魔法王国里的天气预报播报也是有规律的。

试一试，用相同的编程方法让小壹播报天气预报。

当然啦，魔法王国里的天气变化起来也是很随机的！快试试看吧。

精灵喊数比大小

解锁新技能

- 认识程序流程图
- 绘制程序流程图
- 依据程序流程图编写代码
- 自制积木

小壹的故事讲得真好！大家纷纷给小壹鼓掌，送鲜花，送卡片……小壹开心极了！

咦？门口似乎有人吵架，快去看看吧！

“10 比 9 大！”

“不对不对，9 大！9 比 1 大，9 比 0 大！为什么不是 9 大？”

“人家 10 是两位数！9 是一位数！”

“就是 9 大！”

“……”

啊？两个小精灵在比数字大小啊！这都能吵起来？

小壹走过去，说：“你们不要吵啦！我给你们写一个程序，帮你们比较大小就好啦！”

领取任务

比较 9 和 10 哪个更大，对大家来讲当然容易，对这两个小精灵来讲就不容易啦。他们总会为了比较数字大小的事争吵不休，我们又不能一直在这里帮助他们。因此，为了让他们不再继续争吵，我们来编写一个程序，帮助他们比较任意两个数字的大小。

但是我们又不能穷举所有的数字，怎么办呢？

这里我们引入一个函数的概念，在 Scratch 里面对应的就是自制的一种代码积木。我们自制一个具有两个参数的比较大小的代码积木，只要输入两个数字就可以实现比较大小，返回最大值，这样就不用写重复的代码了！

撸起袖子，让我们开始吧！

一步一步学编程

1 认识程序流程图

学习编程就是学习如何用计算机语言指挥计算机，让它为我们做事。在正式编写代码之前，首先要分析问题，进行程序设计，然后才是代码编写、程序测试和安装运行等环节。其中，程序设计就是针对问题分析的结果，对该问题的解决思路、方法和步骤进行设计。程序设计是代码编写的参考，也是程序设计师之间、程序设计师与程序员之间沟通的“语言”。程序设计越好，代码编写思路就越清晰。

下面我们将学习一个非常棒的程序设计工具——程序流程图。程序流程图也叫程序框图，能够将程序的思路绘制出来，通过图示化的方法将程序流程展现出来，一目了然，既明确了程序逻辑思路，也便于我们基于它进行编程。现在你一定想认识它了吧？

认识几个模块

这些图形看似简单，但是多复杂的程序逻辑都能表达出来！如果能掌握就很了不起！

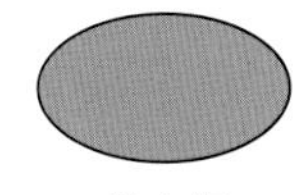

起止框

用于表示程序的开始或者结束

处理框

用于表示程序处理模块，也就是一条条的语句，对应 Scratch 就是一个个的代码积木

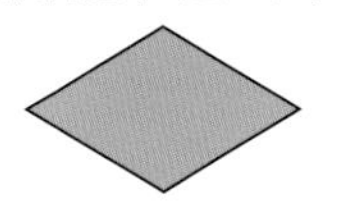

判断框

用于表示判断条件，菱形框内书写条件的内容，如“a>b？”

输入输出框

用于表示输入语句和输出语句

流程线

一条带箭头的直线，用于表示程序的流程走向

顺序结构

顺序结构就是指按照顺序执行代码。顺序结构可以利用箭头将两个处理框连接起来表示，右图表示执行完程序块 A 之后，执行程序块 B。▷

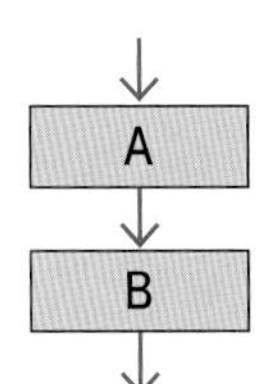

例如，我们想让默认角色小猫走 100 步并留下运动轨迹，程序逻辑应该是：为小猫角色添加“画笔”类扩展指令，当点击按钮时，先清除所有笔迹，然后落笔，小猫前行 100 步，最后抬笔，就可以啦！

编写代码及对应程序执行效果，如右图所示。▷

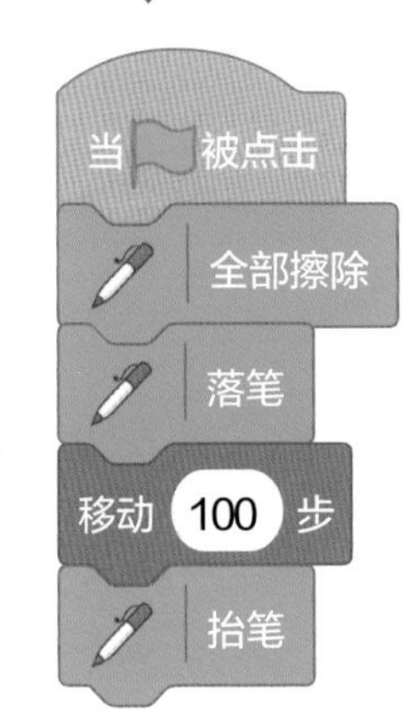

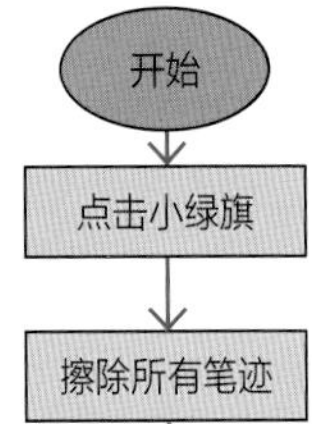

◁ 这段程序的逻辑如果用程序流程图来表示，则如左图所示。

小猫运动轨迹程序的代码思路一目了然，各个步骤都是按顺序进行的。程序流程图与之前的代码是一一对应的，也可以说这个程序流程图实际上是代码编写的依据。

通常在进行程序设计时，一般可以先绘制出程序流程图，然后依据此图进行代码的编写。上面这个例子是为了让大家理解程序流程图的含义，因此，先从代码实现入手了。专业的编程应该是不急着写代码，先设计程序实现的流程，然后再写代码实现。

条件选择结构

条件选择结构就是根据条件是否满足来执行不同的代码：如果条件成立，则执行程序块 A；如果条件不成立，则执行程序块 B。条件结构可以用“如果……那么……否则……”代码积木来实现。▷

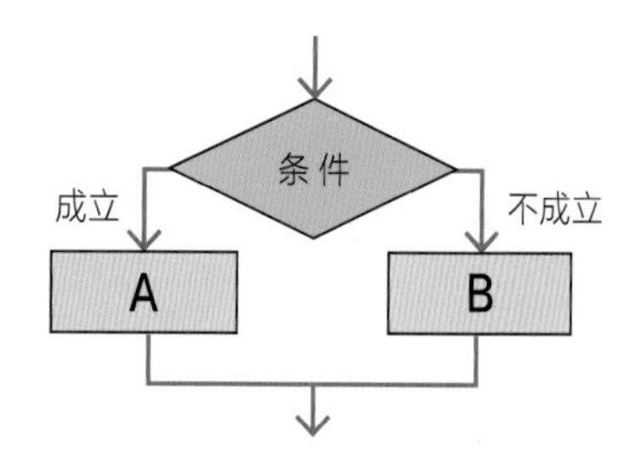

例如，每次按下空格键，小猫角色移动 10 步，如果碰到右侧舞台边缘，小猫转身向左走；如果碰到左侧边缘，小猫转身向右走。怎么实现呢？我们先尝试用程序流程图将实现思路绘制出来。▷

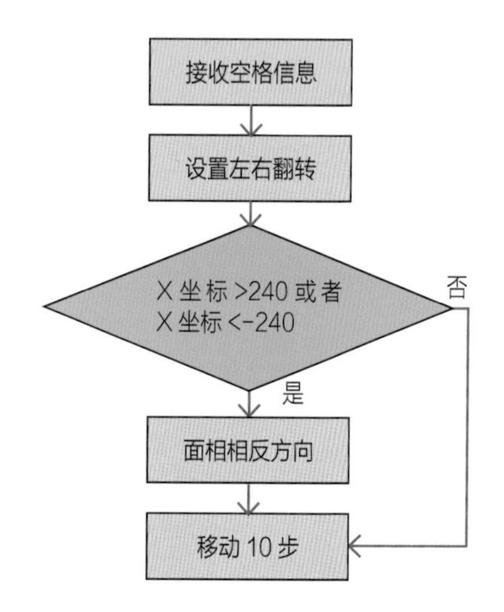

首先，接收到空格键消息之后，将小猫角色的旋转方式设置为“左右翻转”，然后判断小猫角色的 x 坐标，如果大于 240，或者小于 -240，说明小猫角色已经到达了舞台的边缘，那么将小猫角色的运动方向设置为相反方向，即方向乘以 -1 就可以了，然后继续移动 10 步。移动之后再进行判断。

根据上面的程序流程图，选择并组合代码积木模块，如右图所示。▷

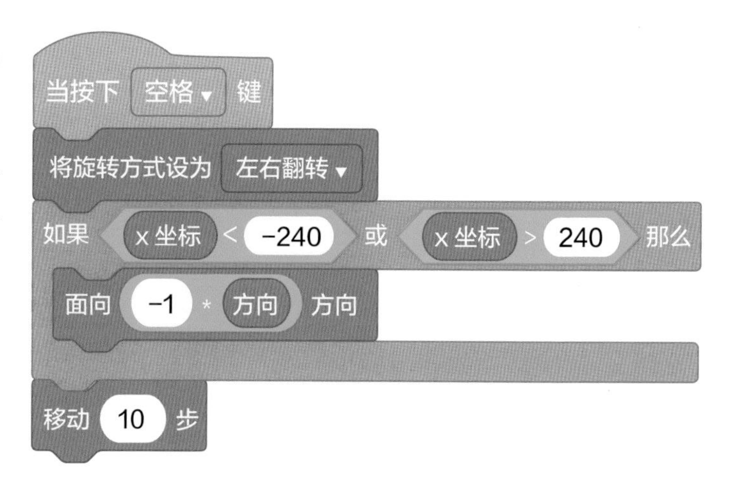

有没有发现，有了程序流程图，编写代码更加容易了呢？

循环结构

循环就是重复执行。有一些实现特定功能的代码需要重复多次，如果将其按顺序结构书写出来，代码会非常长，这时就可以用循环结构来简化代码。但是要注意循环执行的次数、条件和内容。

右图所示为循环结构，当条件成立时，重复执行程序块 A，直到条件不满足时，跳出循环结构体。循环结构可以用“重复执行”代码积木来实现。▷

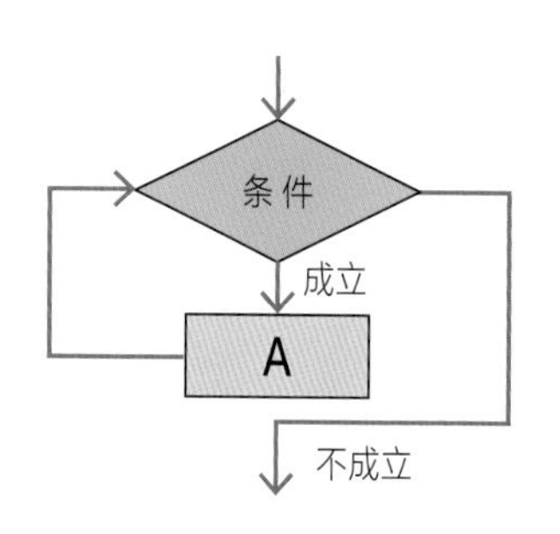

比如，我们想让角色走正方形，并留下运动轨迹，怎么做呢？

赋予角色“画笔”拓展功能，让角色向前移动 100 步，然后向右转 90 度，然后再向前 100 步，然后向右转 90 度……这里“向前移动 100 步并右转 90 度”的操作需要执行 4 次，这时就可以用循环结构来实现了。根据描述绘制出程序流程图，如右图所示。▷

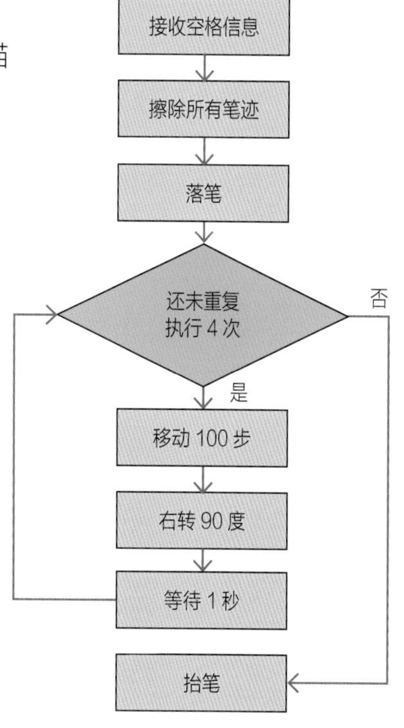

▽ 然后依照该流程图编写代码，如下图所示。

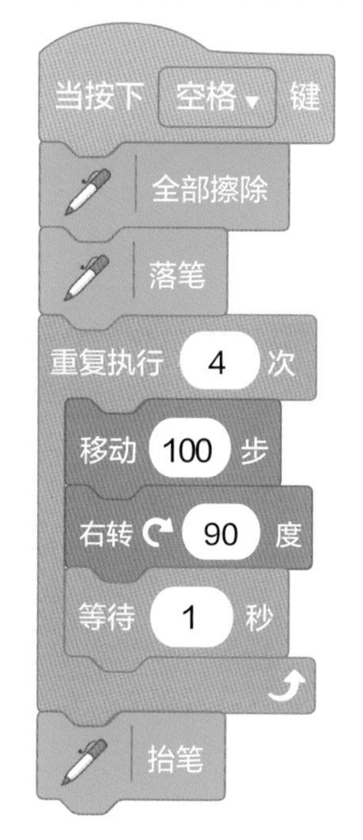

2 数字比较大小程序流程图

函数是指一段能够专门完成某些特定功能的代码。每次需要完成该功能的时候直接调用它们就可以了。

本次任务将创建一个名叫“比较大小”的函数。传递给这个函数两个参数，分别是“第一个数”和“第二个数”，然后这个“比较大小”函数就可以选出并反馈其中较大的值。

比如你传递给它的“第一个数”是 29，“第二个数”是 82，那么这个函数的计算结果一定是 82；下次再传递给它的“第一个数”是 13，“第二个数”是 56，那么这个函数的计算结果一定是 56。

我们没有必要每次都去写比较两个数字的代码，只需要编写一个这样的比较大小函数，需要比较大小的时候，传递给它两个参数就可以了，这样我们的代码既灵活又简洁。

我们学习了程序流程图这个好用的工具，下面就用它先将比较大小函数的程序流程图绘制出来吧！

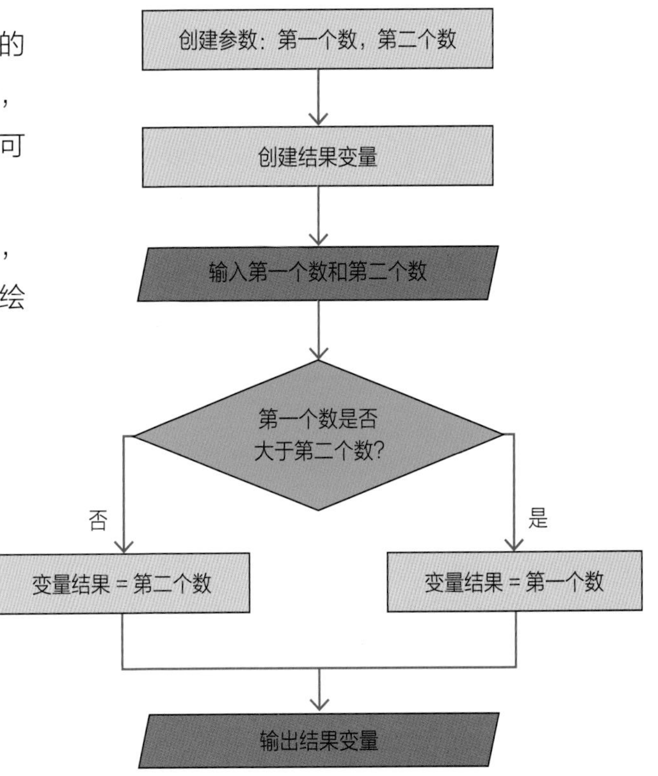

首先创建两个参数，用于表达需要比较的第一个数和第二个数，然后创建结果变量。函数接收用户输入的第一个数和第二个数，对二者进行比较，如果第一个数的数值大于第二个数的数值，那么结果变量的值就是第一个数，否则结果变量的值就是第二个数。

用程序流程图中的顺序结构和条件选择结构就可以表达啦。这个程序流程图等我们编写回答代码的时候会用到哟！

3 设置角色及舞台背景

两个小精灵分别是提问和回答的角色，因此，第一步先将系统默认的小猫角色删除，然后添加这两个角色。

点击角色区的小猫头像图标，打开系统角色库，在“奇幻”类角色中选择“Goblin”，鼠标点击将其添加为角色。用同样的方法从角色库中添加一个回答问题的“Frank”角色。调整舞台上这两个角色的位置关系。 ▷

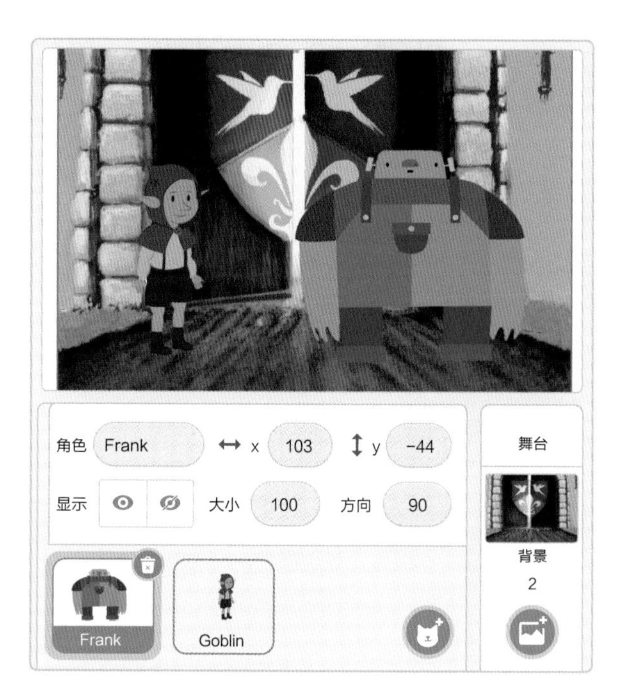

吵架的声音是从门口传来的，因此将默认的空白背景切换成大门口的背景。

◁ 打开系统背景库，从中选择“Castle1”舞台背景图片。点击将其添加为舞台背景。根据背景再调整Frank和Goblin的位置关系。

4 建立变量

比较数字大小，涉及两组数字。这些数字是变化的，因此要用变量来对应。首先建立两个变量“数1”和“数 2”，用来保存需要比较的两个数值，然后建立一个“较大值”变量来保存两个数中的较大值。

在“变量”类积木中点击“建立一个变量”。 ▷ 建立一个变量

在弹出的窗口中，输入新变量名“数 1”表示第一个数，点击“确定”按钮，建立第一个变量。 ▷

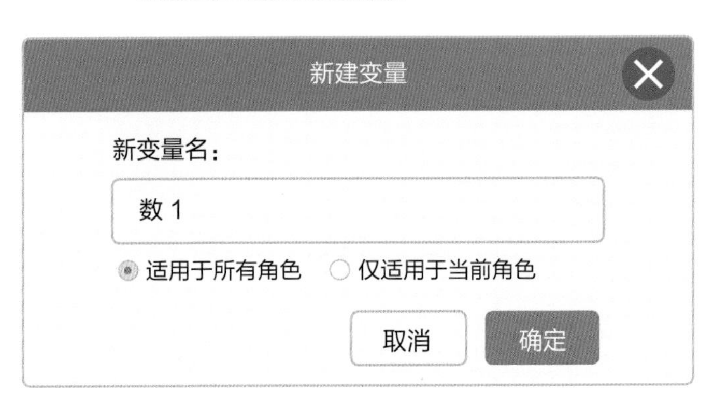

这时，在“变量”类积木中就出现了“数 1”变量积木。 ▷

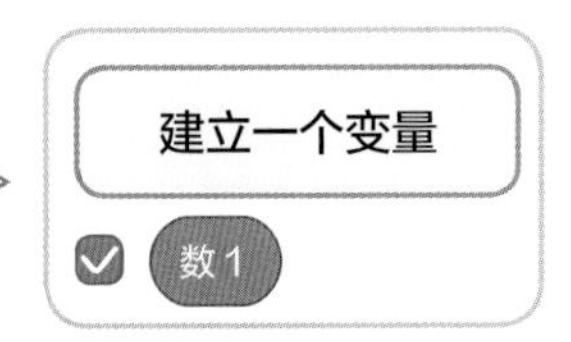

按照同样的办法，建立“数 2”变量和“较大值”变量。▷

5 Frank 提问代码

下面我们为提问角色Frank赋予代码，点击Frank角色，进入他的代码编辑状态。

首先将数 1 和数 2 分别赋予一个 100 以内的数值。这里将用到“在……和……之间取随机数”代码积木，将其设置为“在 1 和 100 之间取随机数”，并将这个数值赋予变量“数 1”和“数 2”。 ▷

如果让 Frank 发问，可以用到“外观”类指令下的“说……”代码积木，不过这个“说……”代码积木的对话框不会消失。这里我们将使用“说…… ……秒”代码积木，让 Frank 说完之后等待 Goblin 来回答。需要说的内容就是“数 1 和数 2 谁更大？”这个问题。这里就用到了“运算”类积木中的字符串连接的功能，“连接……和……”代码积木。我们需要将“数 1”“和”“数 2”“谁更大？”这 4 个字符串连接起来，但是连接积木只能一次连接 2 个字符串，这怎么办呢？因为字符串和字符串连接起来是一个新的字符串，所以它可以再与其他字符串进行连接，那么就需要用到多个“连接……和……”代码积木。

注意：代码积木嵌套时，越排在前边的字符串越在中心积木里，依次嵌套添加排序略靠后的字符串。

每当点击 Frank 角色的时候，就让他发出提问，因此，我们需要用到“当角色被点击”代码积木和以上的代码模块相连接就可以了！ ▷

下面运行程序，看看 Frank 是不是已经开始提问了？是不是每次提问的问题都不一样？

6 Goblin 回答代码

Frank 发问了，Goblin 要接招儿喽！

在角色区点击 Goblin 角色，进入 Goblin 的代码编辑状态。现有的代码积木中没有用于比较两个数字大小的，那么就需要我们创建一个新的积木模块。这个我们自己创建的新积木模块就是函数哟！

点击“自制积木”类指令下的“制作新的积木”按钮，创建一个“比较大小”代码积木。在“积木名称”处，填写“比较大小”。 ▽

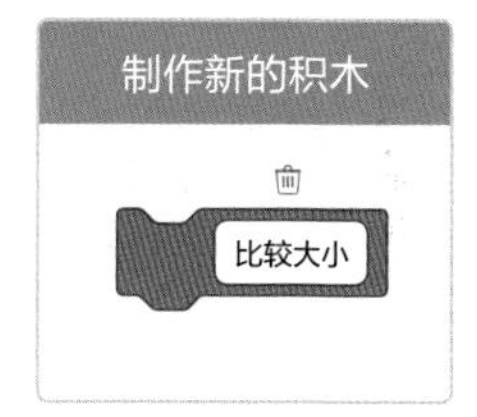

这里我们需要嵌入两个参数，因此需要在这个积木中添加输入项。在“制作新的积木”对话框中，左侧第一个按钮就是“添加输入项”（数字或文本），点击该按钮之后，就会在自制新积木的积木名称“比较大小”后面出现一个输入框。▽

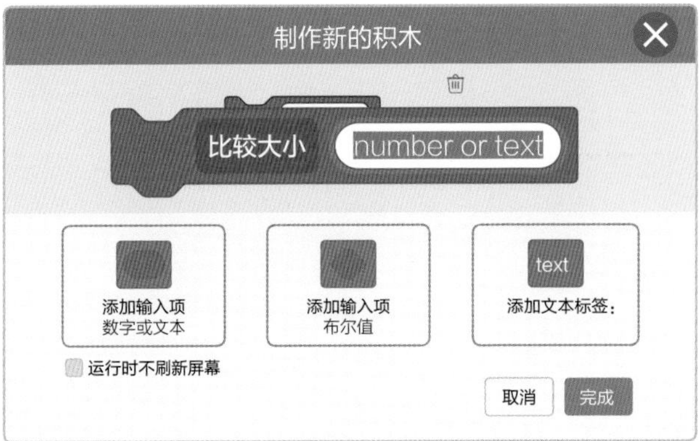

可以将“number or text”改为“第一个数字”，表示存储第一个数的参数名称。▷

在第一个参数后面可以添加一个文字“和”来间隔第二个参数，点击“添加文本标签：”按钮，在上方自制新积木中出现了一个新的文本标签。▽

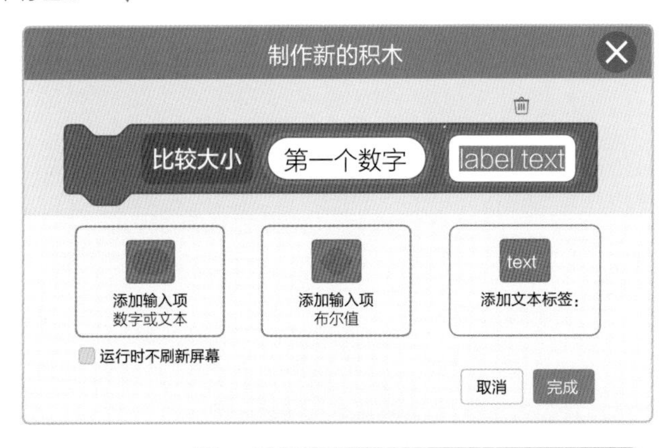

将“label text”改成“和”。▷

用添加第一个参数的方法，添加第二个参数。▷

鼠标点击自制新积木的每个成分时，上面会出现一个垃圾桶图标，表示可以删除的意思。如果你对设置的参数不满意，或者添加多了，就可以点击垃圾桶按钮进行删除。▷

设置好之后，点击“完成”按钮。这时，在左侧的“自制积木”类指令下出现了“比较大小……和……”代码积木。

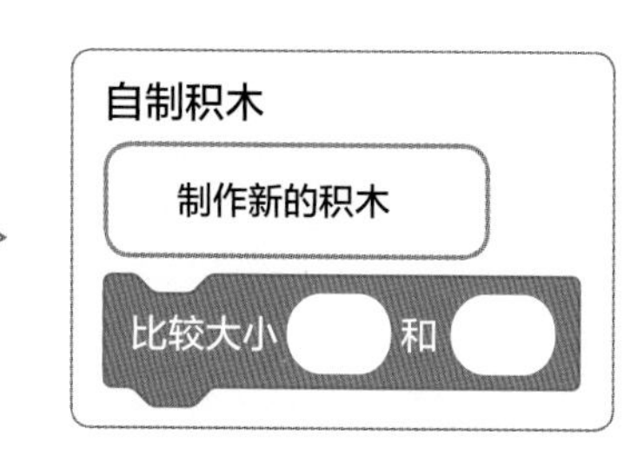

同时，Goblin 的脚本区就会出现这个新建积木的设计积木块。它跟其他积木块不一样，没有凹槽，但是在下方有个凸起，因此只能将其拼接到其他积木块的凹槽上。

下面，我们将对这个新的积木模块进行定义，让它实现比较大小的功能。依照前文的程序设计流程图，可以实现这个新的积木定义。前面我们已经有了数 1 和数 2，也已经建立了“较大值”变量。按照程序流程图，下面将判断数 1 和数 2 的大小，并将较大值赋值给“较大值”变量。

先添加“如果……那么……否则……”代码积木，在判断条件里添加的条件是“……>……”，那么“>”前面应该是“第一个数字”参数，我们只需要将上面的“第一个数字”拖曳至判断的第一个空白框，将上面的“第二个数字”拖曳至判断的第二个空白框里面就可以了。

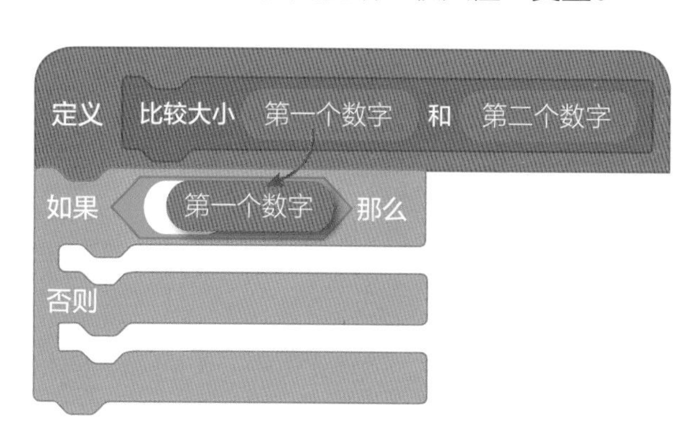

最终，完整的代码如右图所示。

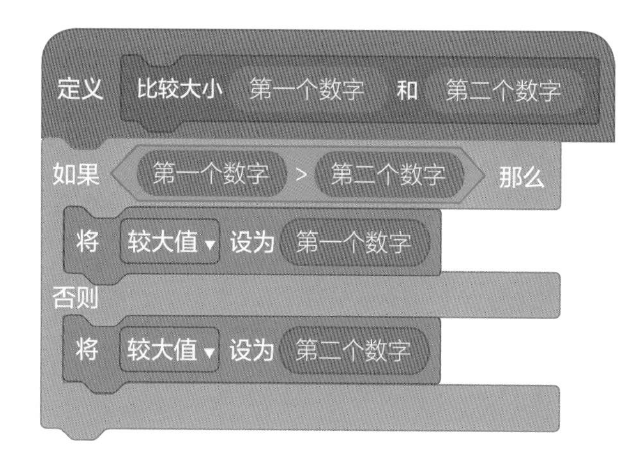

Goblin 需要对之前 Frank 提问的“数 1”和“数 2”进行比较。

首先将我们已经定义好的“比较大小”代码积木拖曳至脚本区。▷

这里需要将之前建立的变量“数 1”和“数 2”传递给这个代码积木。

请注意：这里的“数 1”和“数 2”需要从“变量”类代码积木中拖曳过来添加哟！▽

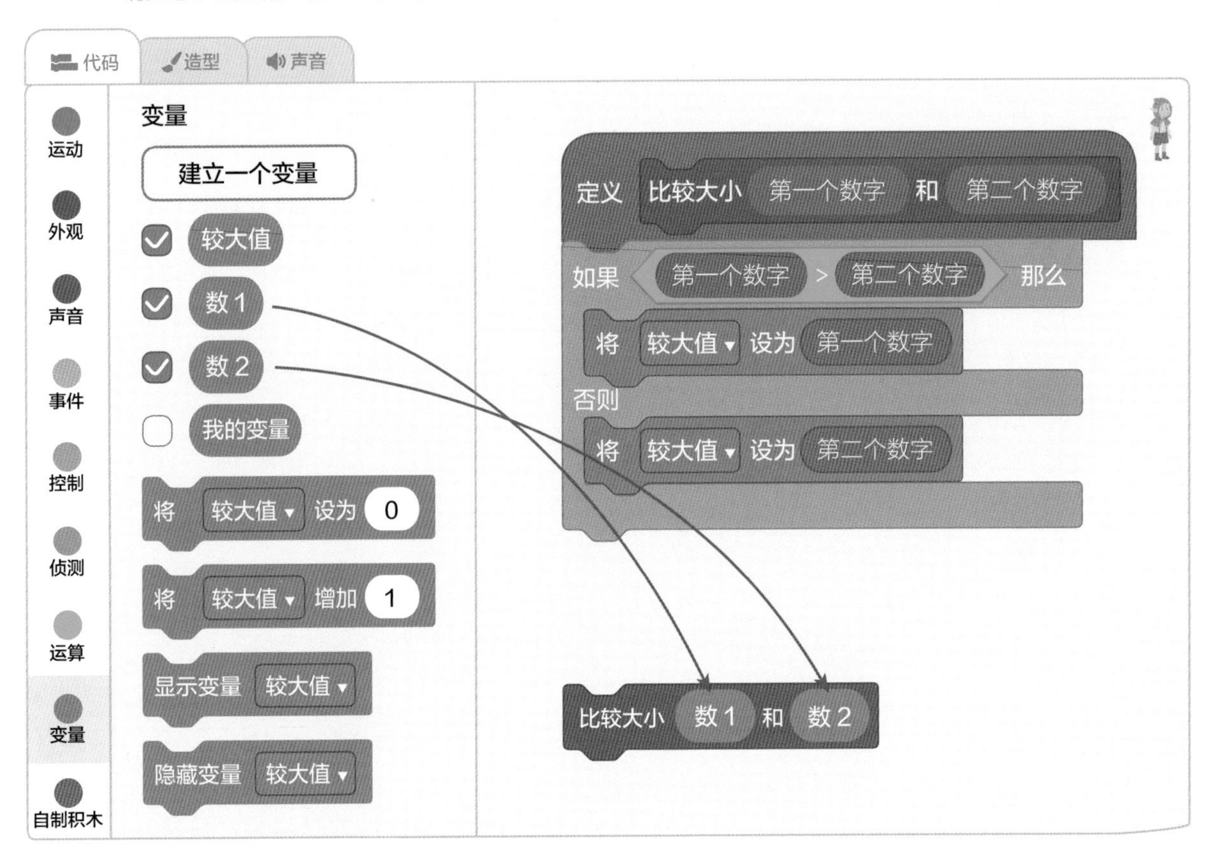

这个“数 1”和“数 2”与上面自制积木里面的“第一个数字”和“第二个数字”变量可不一样哟！

第一，它们的颜色不同。自制积木定义里面的“第一个数字”和“第二个数字”是粉色的，而使用“比较大小”代码积木中的颜色是橙色的。

第二，它们的来源不同。自制积木定义里面的“第一个数字”和“第二个数字”是来自于积木定义的参数名称，而使用“比较大小”代码积木中的“数 1”和“数 2”是我们之前定义的两个变量。

第三，它们的含义不同。自制积木定义里面的“第一个数字”和“第二个数字”叫形式参数，并不是真正的变量，使用“比较大小”代码积木中的“数 1”和“数 2”才是真正由我们定义的变量。形式参数是专门在自制积木中使用的，用于接收传递给自制积木的数据，它的值来自代码积木使用时对应位置上的数据。

比如我们在使用“比较大小”代码积木时，第一个位置放置了“数 1”变量，那么它的值就给了形式参数“第一个数字”。在第二个位置放置了“数 2”变量，那么它的值就给了形式参数“第二个数字”，接下来这个形式参数获得数据之后就按照积木定义的代码去执行工作了！

Goblin 在被鼠标点击之后，对之前的“数 1”和“数 2”进行比较，并说出较大值答案，因此，也会用到“当角色被点击”代码积木和“说…………秒”代码积木，组合后的积木模块如右图所示。

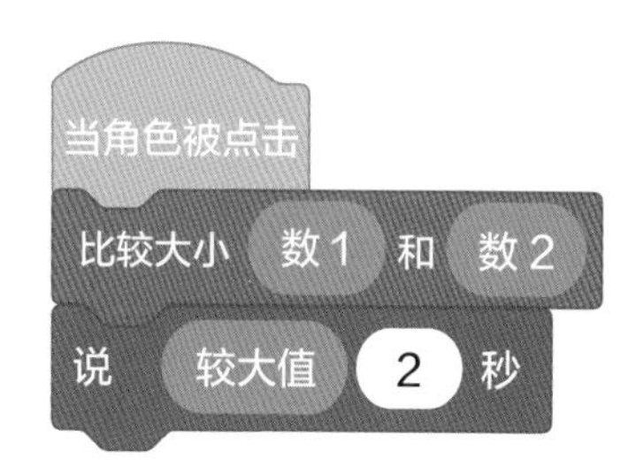

这回试试看！鼠标点击 Frank，让他提个问题，然后用鼠标点击 Goblin，看看回答得对不对？

运行与优化

好啦！ Frank 和 Goblin 现在再也不用为了比较数字大小而争吵了。下面把他们的代码整理一下吧！

Frank 角色代码

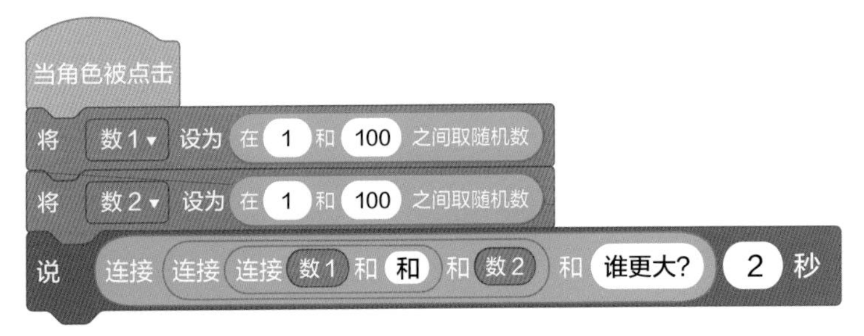

Goblin 角色代码

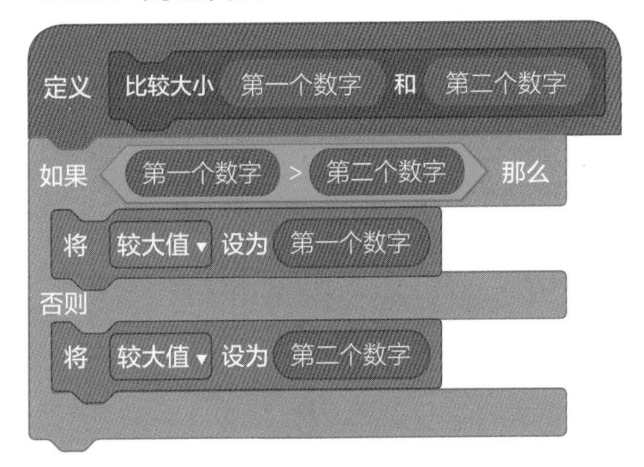

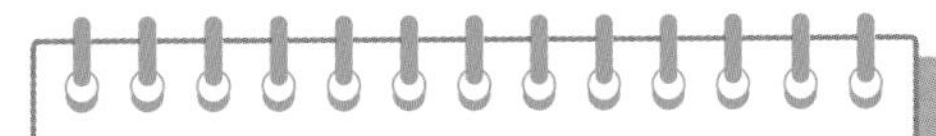

【小贴士】

定义积木和使用积木两个地方的变量是不同的，编写代码时一定要注意区分哟！

定义积木时，变量积木是粉色的，用来规定积木的用法。

使用积木时，变量是橙色的，表示的是数据的调用。

思维导图大盘点

用思维导图来回顾一下本次任务的编程思路和要点吧!

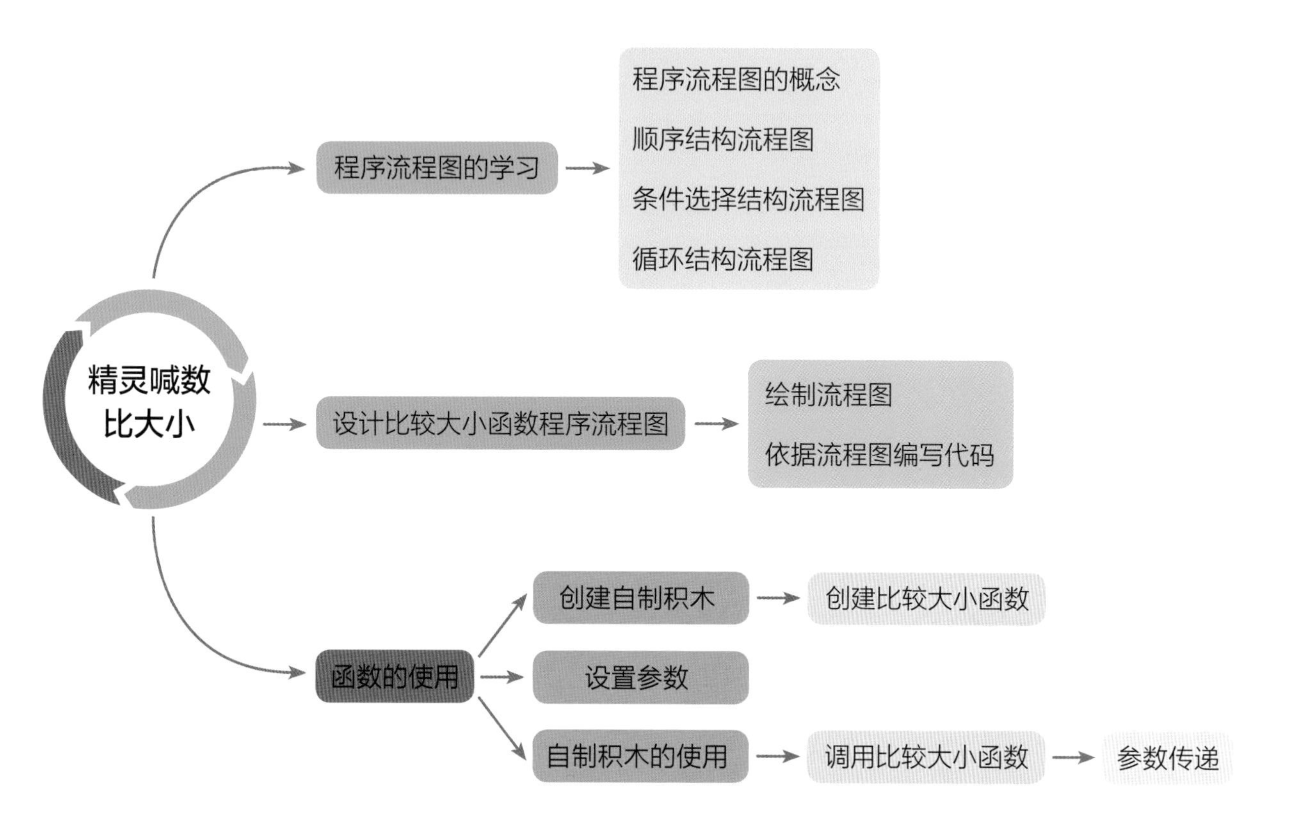

挑战新任务

我们已经学会使用自制积木来完成两个数比较大小的功能了！你再试试自制一个积木实现求和的功能，也就是 Frank 不是问两个数谁最大，而是问两个数的和是多少？然后 Goblin 回答这两个数的和！快动手试试看吧!

魔法卡片翻翻乐

解锁新技能

- 利用程序流程图分解问题
- 复制角色代码
- 角色造型切换

小壹真的很棒！成功地解决了 Frank 和 Goblin 的矛盾。

他俩帮助小壹推开了眼前的那扇门，迎面看到一堵卡片墙立在小壹前面。

小壹点了点其中一张，卡片随即翻转过来，是一个小精灵的图片。再点一张，也翻了过来，是另一个小精灵的图片。两张卡片并不相同，因此，两张卡片又都翻了回去……继续点，点到相同的卡片，两张卡片就会同时消失。

哎？这有点儿像翻翻乐游戏！

小壹快速地翻来翻去，这游戏真好玩！

来，我们也开发一个翻翻乐的游戏继续玩下去吧！

领取任务

翻翻乐游戏的开发说难也难，说简单也简单，重要的就要是把程序逻辑搞清楚。

我们不是学了程序流程图了吗？这次我们可以实践一下，学学专业程序员是如何将问题分解，绘制程序流程图，进行程序设计，并依照程序流程图来进行代码编写的，见识一下程序流程图的威力！

对了，翻翻乐游戏中会有几组两两相同的魔法卡片。它们的代码几乎相同，需要重复设置吗？有没有什么简便方法？听说 Scratch 不仅能够实现角色造型图片的复制，还能将代码复制过去，极大地减少了我们编写代码的工作量。我们也来学习一下吧！

一步一步学编程

1 绘制程序流程图

如果是六张卡片的翻翻乐游戏，那么我们就需要三组卡片：三组不同的图案，再加上一个相同的背面图案。

每一张卡片的默认状态应该是卡片的背面。如果所有的卡片都没有被翻开，鼠标点击任意一张，就翻到正面，然后等待翻开第二张卡片，翻开后如果两张卡片图案相同，消去这两张卡片；如果两张卡片图案并不相同，那么将它们再翻回卡片背面，恢复到该卡片的初始状态；如果第二次点击的还是刚才翻开的卡片，就将它翻回去，恢复到初始状态。

我们还要记录过程数据：需要一个变量记录是否有一张卡片被翻开了；需要一个变量记录当前翻开的组号，用于匹配和消除；需要三个变量分别表示三个组是否被消除。

在程序执行的过程中，点击某一张卡片，我们首先要判断是不是已经有一张卡片被翻开了。如果没有，需要记录当前这张卡片的组号，将其状态改为等待第二张卡片被翻开的状态。

如果已经有一张卡片被翻开了，那么需要判断当前卡片是不是正好是刚刚翻开的卡片。如果是，将其翻回去。如果不是，判断这两张卡片是否属于同一个组。如果是，将二者消除，表示该组是否被消除的变量设置为 1，其他记录清零；如果不是，那么两张卡片都翻回去，记录清零。直到所有卡片均消除。

在上次任务中，我们学习了程序流程图这个好用的工具，下面就用它将翻翻乐的程序流程图绘制出来，然后再编写代码。

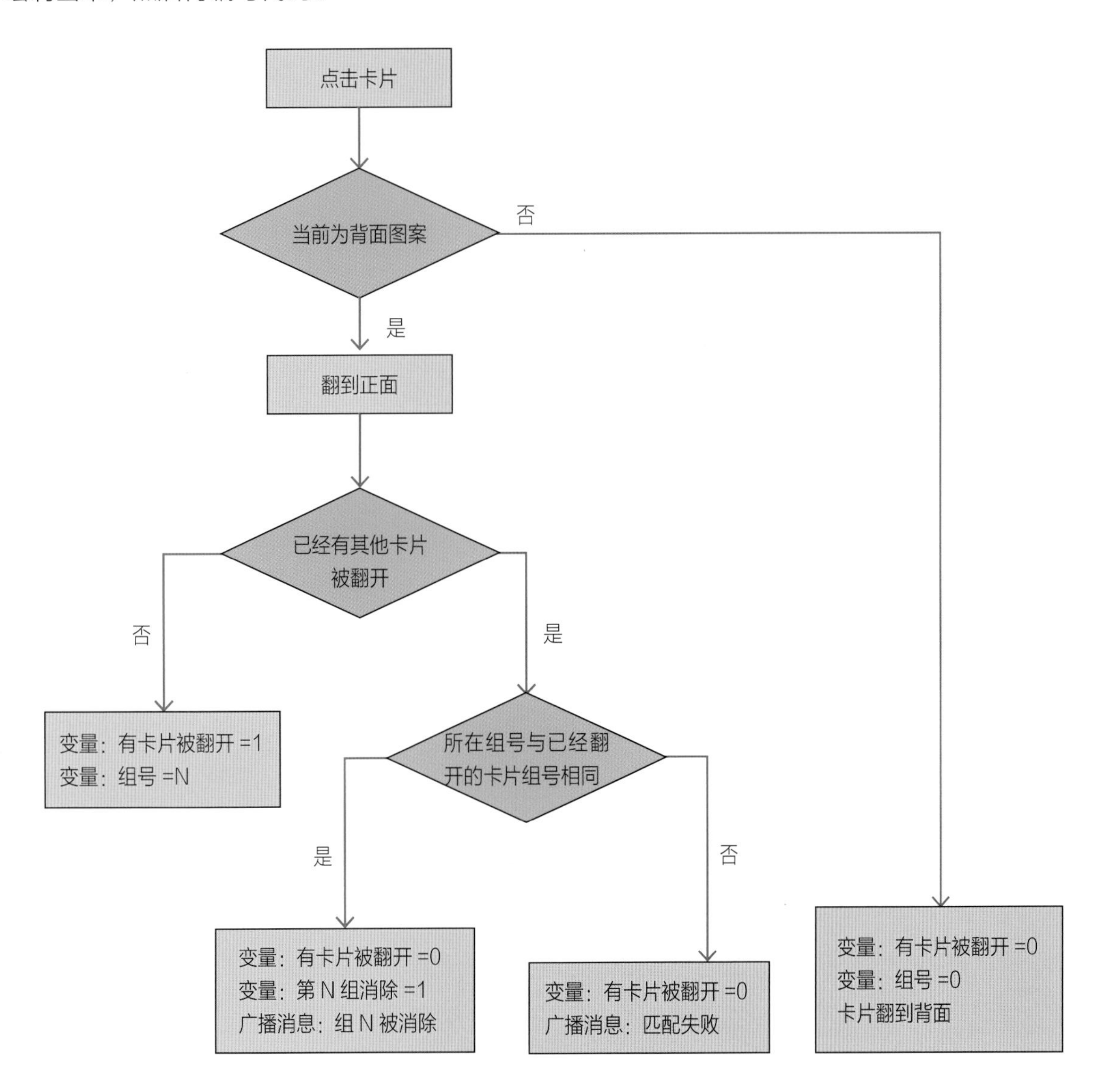

这个程序流程图有些复杂，解释一下就是：当鼠标点击卡片的时候，判断卡片当前是否为背面图案，如果是，将卡片翻到正面，然后判断是否此时有其他卡片被翻开。如果没有卡片被翻开，执行左侧分支，将变量“有卡片被翻开”的值设置为 1，表示已经有卡片被翻开了，变量“组号”设置为 N，也就是记录当前卡片是哪一组的。

如果有卡片被翻开，那么判断已经翻开的卡片组号跟当前卡片组号是否相同。如果相同说明匹配成功，执行左侧分支，将变量“有卡片被翻开”的值设置为 0，变量“第 N 组被消除”设置为 1，并广播消息“组 N 被消除”；如果与已经翻开的卡片组号不相同，则将变量“有卡片被翻开”设置为 0，并广播消息“匹配失败”。

最后，设置是否点击时当前为背面图案的右侧分支，如果点击该卡片时不是背面图案，说明之前被点击过，再次点击就要将其还原为背面状态，之前记录的变量全部清零。因此，这个代码内容应该是将变量“有卡片被翻开”设置为 0，将变量“组号”设置为 0，并将卡片翻回到背面。

这样是不是明白多了?

这只是响应鼠标点击事件的程序流程图，卡片角色还有其他的行为，我们也要分别绘制出程序流程图来。

每个卡片都会有一个初始化的代码，即当按钮被点击的时候，会将状态初始化，设置卡片的显示模式，将卡片翻到背面。

开始

设置显示模式

卡片翻到背面

当接收到“组 N 被消除”的消息时，其中 N 恰好就是该卡片所在的组，说明该卡片已经被成功配对并消除掉了，不需要再显示了。这时就要将卡片的状态设置为隐藏状态。

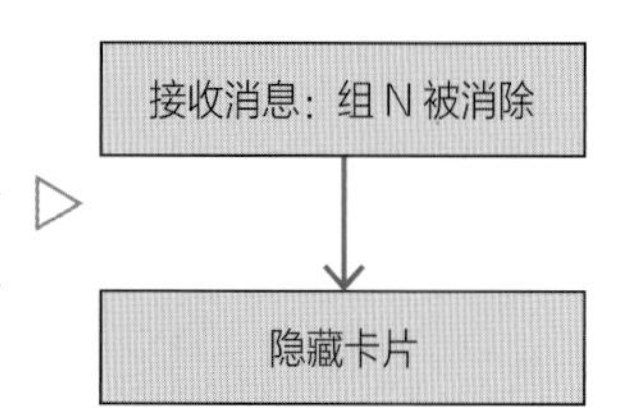

当接收到“匹配失败”的消息时，所有没有被消除的，并且已经翻开的卡片都要翻回背面。

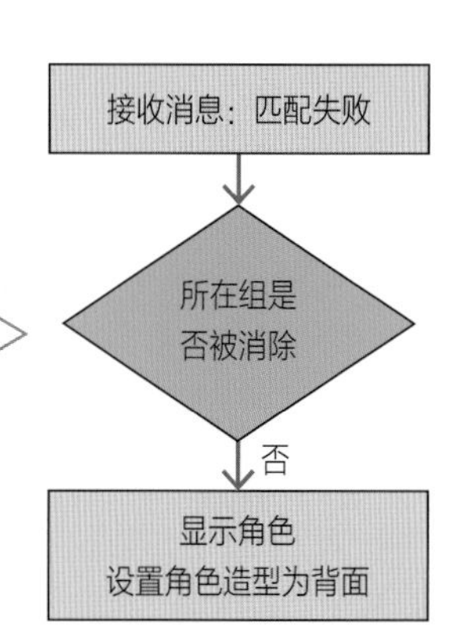

2 设置角色

本次任务要实现翻翻乐游戏，我们想选用一个带有多张图案的角色进来，那么其他卡片可以通过复制角色的方式得到，只需要修改造型即可。而且 Scratch 中复制角色的同时还能将角色代码复制过来。这样，如果角色行为不同，微调即可，可以最大限度地减少工作量。

删掉系统默认角色，添加翻翻乐角色图案。

这里我们用绘制角色的方式，添加翻翻乐的角色。鼠标指向角色区右侧的小猫头像图标，在弹出的更改角色菜单中，点击“绘制”按钮，打开造型绘制面板。

我们看到左下角又出现了一个小猫头像图标，说明这里是一个快捷菜单。鼠标滑过指向该图标，又弹出一个包含五个按钮的菜单。

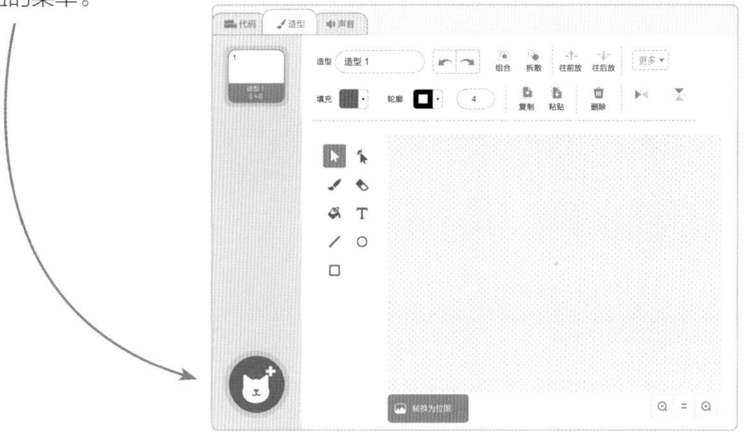

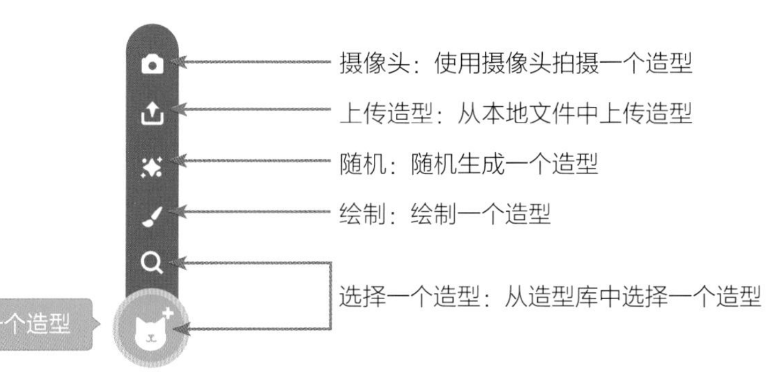

本书为大家提供了翻翻乐的图片内容，可以通过“上传造型”导入图片。

点击“上传造型”按钮，打开已经下载到电脑中的本册“案例 9”文件夹，从“4-9 案例素材”文件夹中找到“精灵 1”图片。点击图片，再点击“打开”按钮，小精灵 1 的形象就载入程序里了。用同样的方法把其他两个小精灵角色也分别导入进来。默认造型的名称就是文件名，分别是精灵 1、精灵 2、精灵 3。▽

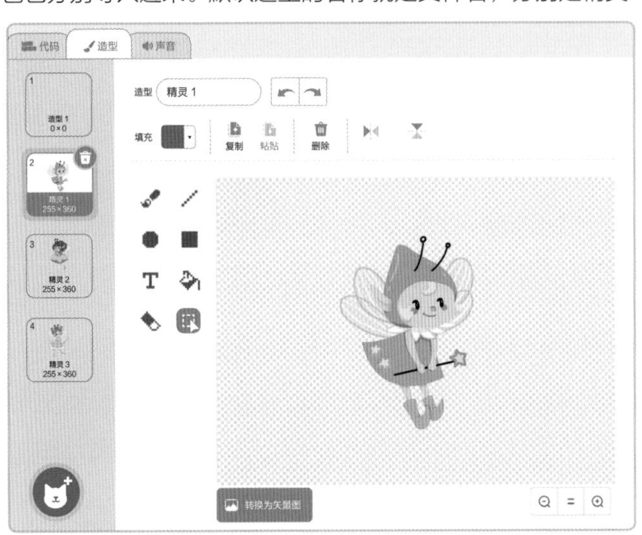

第一个空白造型图案，可以直接点击它右上角的删掉。▷

翻翻乐游戏默认呈现的是背面图案，因此，我们需要添加一个背面的角色造型。

鼠标点击左下角的小猫头像图标，在弹出的快捷菜单中选择“绘制”按钮。点击该按钮，新建一个造型。你可以在中间的绘制区域绘制角色的造型图案。▽

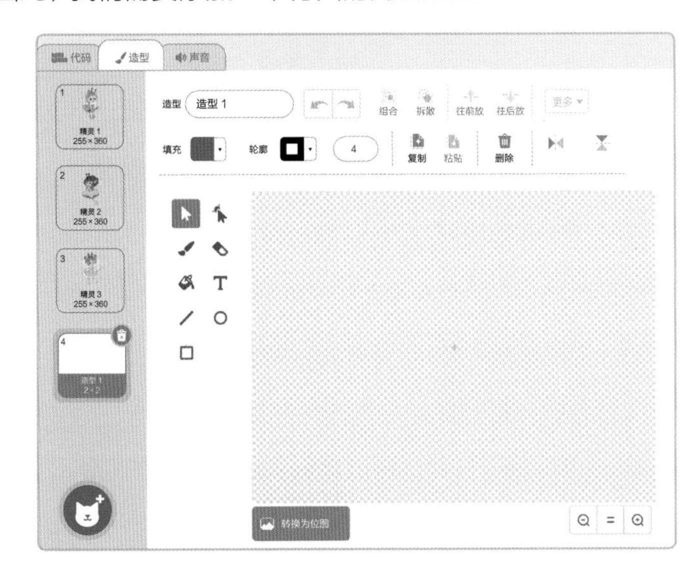

简便起见，我们绘制一个矩形作为背面造型。

选择“矩形”绘图工具，选择填充颜色和轮廓颜色就可以在中间的格子底纹上绘制造型了。▽

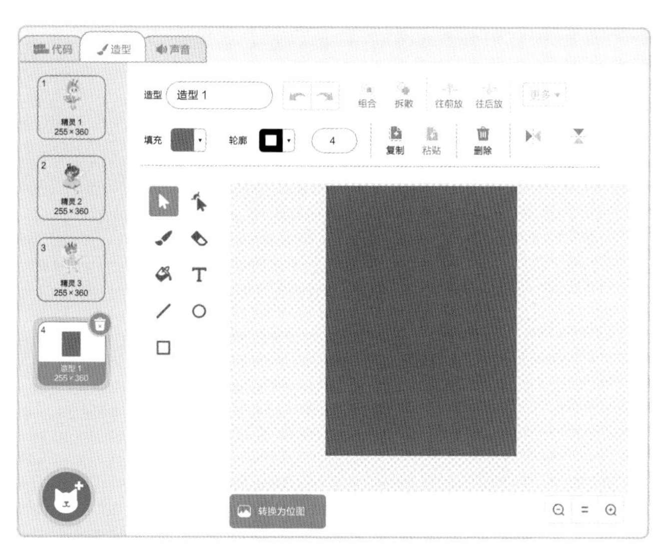

这个时候，你一定会问，怎么知道绘制多大的矩形够用呢？从哪里开始绘制呢？

这是一个好问题！首先，要确定这个矩形的大小。作为卡片背面，这个矩形一定要宽和高大于或者等于其他造型的宽和高，才能把正面的图案盖住。在左侧的造型缩略图中，每个造型下面都有一个 N×N 的数字，代表的就是造型的宽和高。

三个造型的大小都是宽 255，高 360，那么绘制的这个矩形的大小可以跟这三个造型相同，宽 255，高 360。怎么知道绘制的大小是不是这个数值呢？在绘制完之后，左侧新建的造型大小就是这个矩形的大小。▷

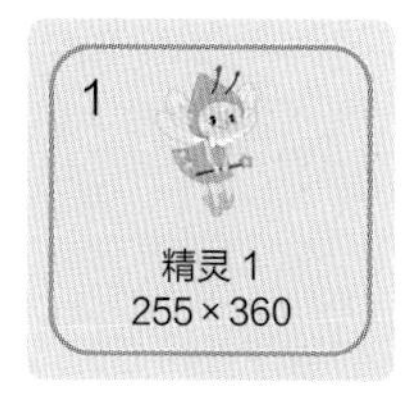

怎样才能让这个矩形大小正合适呢？看到中间绘图工具有个鼠标箭头图案的“选择”按钮了吗？▷

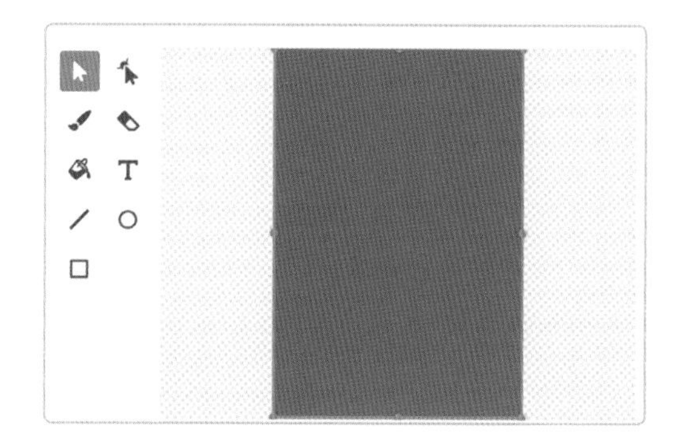

绘制完矩形之后，可以单击该按钮，然后选择矩形，将其变成可修改状态，调整图案周围的缩放点就能实现调整矩形的大小了。而且鼠标可以拖曳矩形，将其移动到正中心。

对啦！你可以给这个造型命个名，比如“背面”：将编辑面板中的“造型 1”修改为“背面”就可以了！▽

▽ 在左侧角色造型列表中，鼠标选择哪个造型，就是默认显示哪个造型，这样角色的造型就编辑完成啦！

我们的角色似乎有点儿大了。为了能够在舞台上摆出翻翻乐背景墙的效果，我们还需要调节角色大小。在角色区的大小属性设置文本框里，输入 30，缩小小精灵的大小。你也可以尝试设置一下其他数值，总之，能保证舞台上能摆放六个角色就可以了。▷

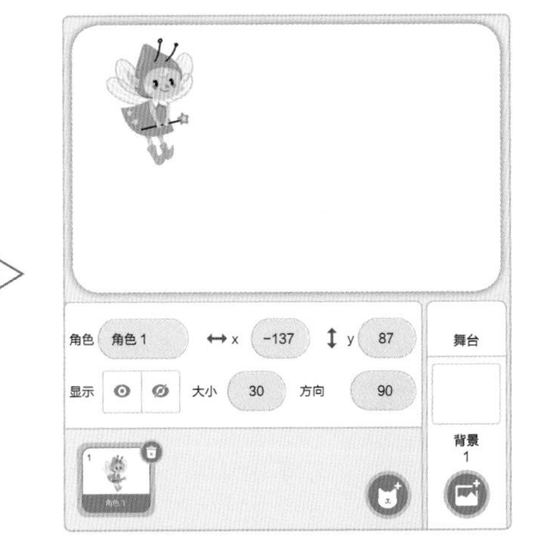

3 设置变量

根据之前的设计，我们需要设置几个变量："有卡片翻开"变量，"组号"变量，"组一被消除"变量，"组二被消除"变量，"组三被消除"变量。

在"变量"类指令下点击"建立一个变量"按钮，在弹出的"新建变量"对话框中，输入新变量名。已经建立的变量，在"变量"类积木中可以看到。▽

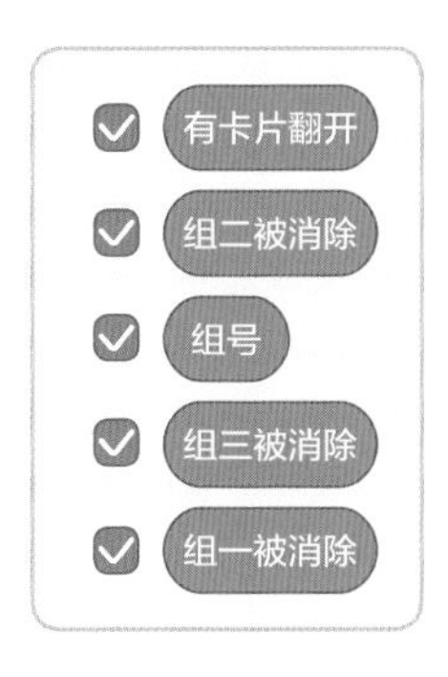

请注意左侧指令区有变量的名称和值，而且每个变量前面都有对号，如果取消对号勾选，在右侧的舞台区就不会显示该变量了。你可以根据需要，在舞台上显示或隐藏变量。

在程序开始时，需要将这些变量全部初始化。不过这个初始化不适合写在每个角色的代码里面，因为本次任务的程序要创建六个角色，每个角色里都写一遍的话那就要初始化六次。为了代码简洁，我们将初始化的代码放到舞台背景的代码里面。鼠标点击右下角舞台区的舞台背景，切换到背景代码编辑界面。

将这一组代码写到舞台背景的脚本区，角色代码就会简洁很多啦！▷

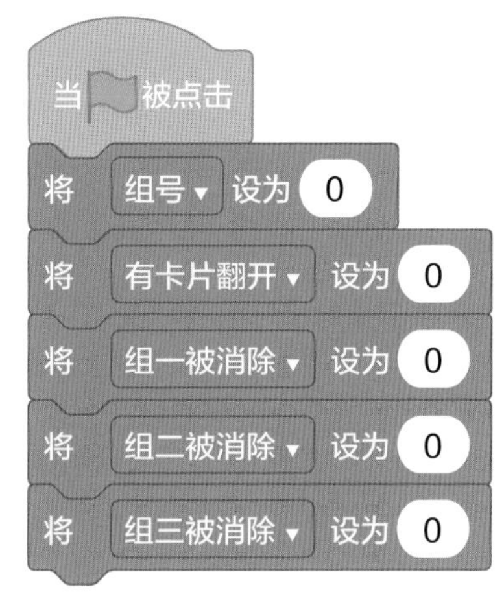

4 根据流程图编写代码

根据程序流程图，实现当角色被点击的逻辑。点击角色区的角色 1，进入它的代码编辑状态，编写代码。▷

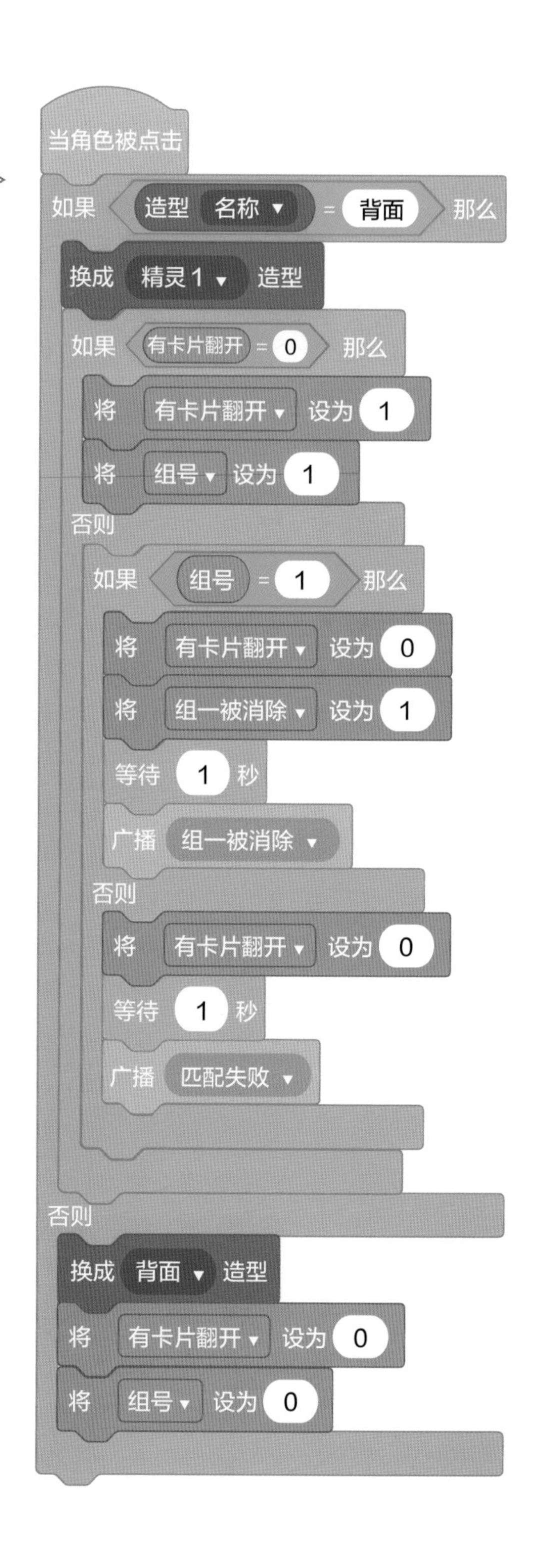

这里使用了造型名称来识别卡片当前状态是否是背面。这个积木是怎么来的呢？

在“外观”类积木中有个“造型编号”的积木，表示当前造型的编号。点击“编号”所在的位置，选择造型“名称”，代表当前造型的名称。比如刚刚绘制的矩形造型名称就是“背面”。▽

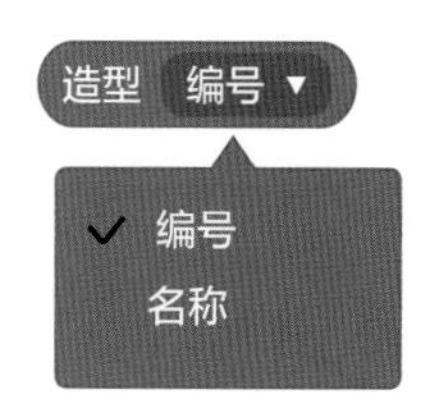

另外，还要设置初始模式代码，表示在🏳按钮被点击、程序开始执行时，将角色设置为显示，并将造型切换成背面。▽

“当接收到组一被消除”的消息代码积木如右图所示。

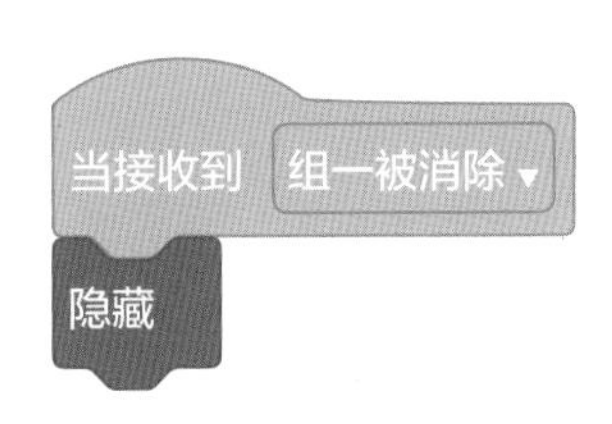

这里需要注意，只将属于组一的卡片角色加上消息处理代码即可，其他组的卡片可以不用处理。也就是说“组一被消除”的消息只需要属于组一的卡片响应就可以了，与组二、组三的卡片没有关系。同样，“组二被消除”和“组三被消除”的消息也只在各自组卡片中处理。

当点开的两张卡片匹配失败时，将所有点开的卡片还原，如果未被消除，则切换成“背面”造型。

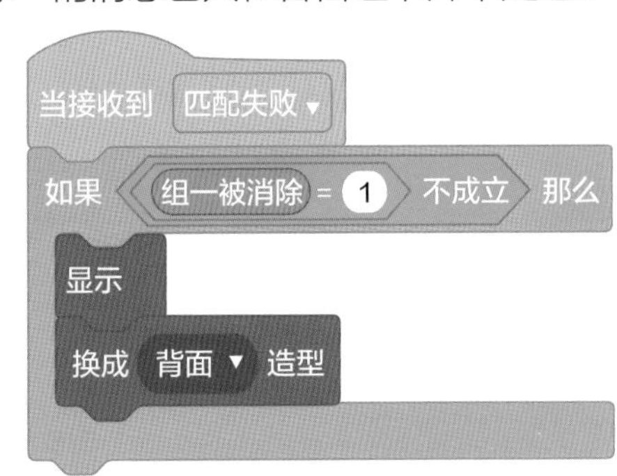

5 复制角色

我们已经完成了一个卡片角色的所有代码，下面利用复制角色的功能，生成其他五张卡片的代码。

右键点击角色区的角色 1，在弹出的快捷菜单中，选择“复制”。

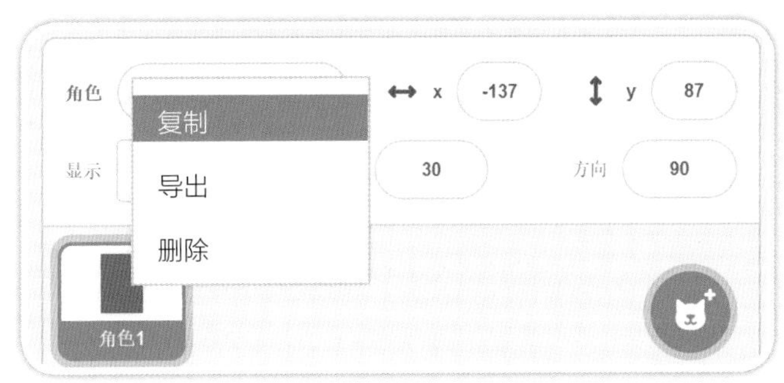

这时角色区会生成一个新的角色，自动命名为角色 2。

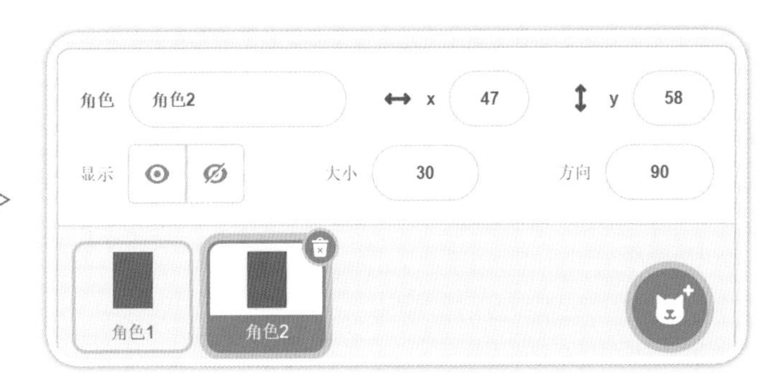

按照同样的方法，再复制四个卡片角色。

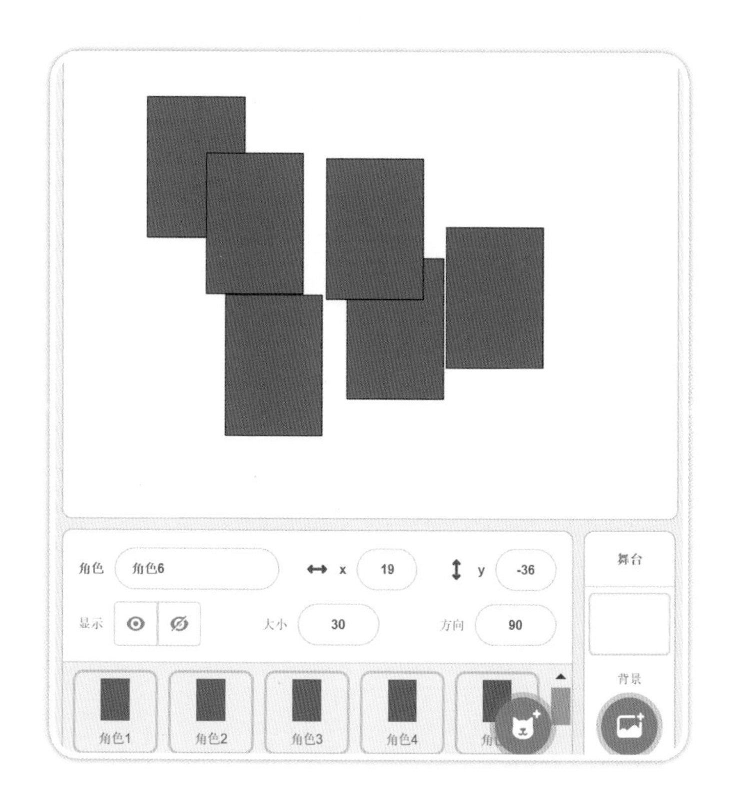

接下来，调整一下舞台上的卡片位置。我们可以随机将它们摆放成两排三组，不过因为代码没有写完，所以一点击舞台上的角色，卡片就会消失，都来不及调整。这怎么办呢？

对了！在角色区，可以设置卡片的 x 坐标和 y 坐标呀！我们计算出它们的位置，然后设置 x、y 坐标的数值就好了！

当然，这些卡片最好不要顺次摆放，要不然相同图案的卡片放在一起，游戏就没意思啦！我们先分组，角色 1 和角色 2 为一组，均是精灵 1 图案，角色 3 和角色 4 为一组，均是精灵 2 图案，角色 5 和角色 6 为一组，均是精灵 3 图案。把第四、第二、第五张卡片摆在第一排，第一、第六、第三张卡片摆在第二排。

在 Scratch 的舞台上，舞台中心坐标为 x=0，y=0。向右 x 值增大，向上 y 值增大；同理，向左 x 值减小，向下 y 值减小。

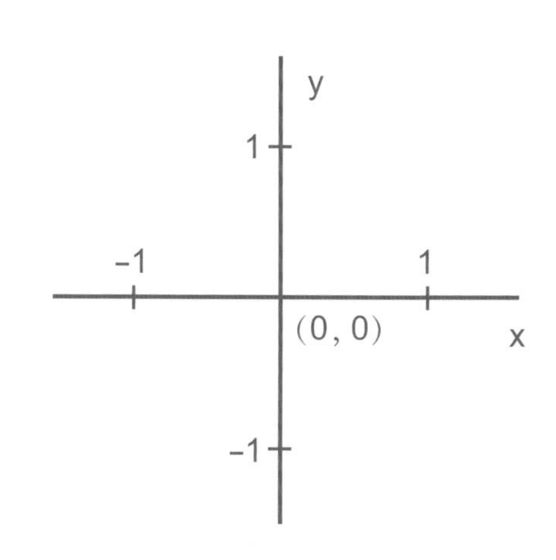

如果我们设第一排第一张卡片的坐标是 x=-150，y=100，第一排所有 y 坐标都相等，x 坐标为卡片宽度加上卡片之间的间隔。那么，第一排第二张卡片的 x 坐标 =-150+ 卡片长度 137+ 卡片间隙 13=0，y 坐标 =100；第三张卡片的 x 坐标 =0+137+13=150，y 坐标 =100。

第二排的所有卡片 x 坐标都与第一排对应卡片 x 坐标相等，第二排所有卡片的 y 坐标都相等，根据试验，y=-100 摆放效果最好。

所以，第二排第一张卡片的 y=-100，x 坐标与第一排第一张卡片的 x 坐标相等 =-150；第二排第二张卡片的 x 坐标 = 第一排第二张卡片的 x 坐标 =0，y 坐标 =-100；第二排第三张卡片的 x 坐标 = 第一排第三张卡片的 x 坐标 =150，y 坐标 =-100。

我们在角色区完成各个角色坐标值的设置。点击角色 1，设置 x 为 -150，y 为 -100；点击角色 2，设置 x 为 0，y 为 100；点击角色 3，设置 x 为 150，y 为 -100；点击角色 4，设置 x 为 -150，y 为 100；点击角色 5，设置 x 为 150，y 为 100；点击角色 6，设置 x 为 0，y 为 -100。

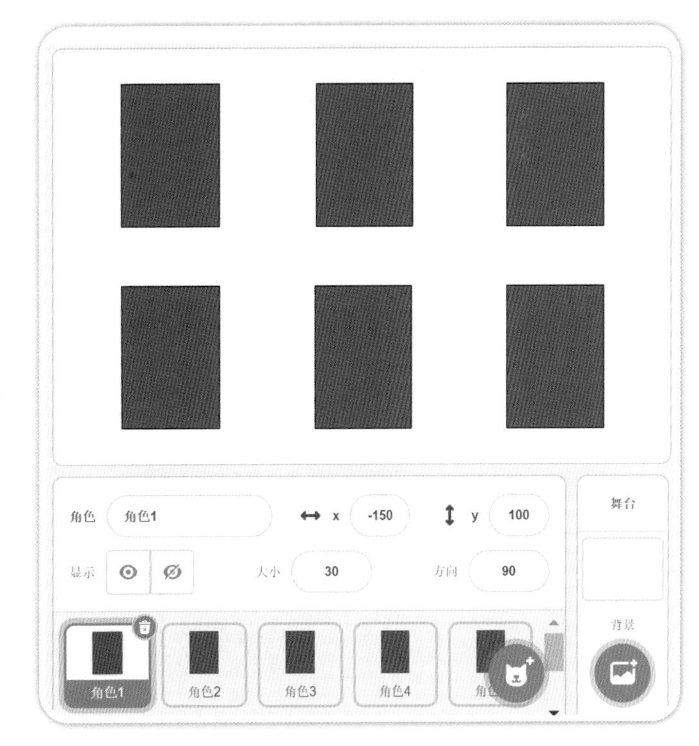

6 微调代码

之前，我们已经为角色 1 编写了代码，所有其他角色的代码也大致相同，略有区别。比如，角色 2 跟角色 1 代码相同，但是角色 3 与角色 1 的代码就不同。因为角色 3 属于第二组，它翻开显示的图案应该是精灵 2，它翻开后应该设置组号为 2，它应该判断组号是否等于 2，它消除后发布的消息应该是“组二被消除”，同时它需要响应“组二被消除”的消息，因此，需要将角色 3 的代码进行修改。▷

同理，其他卡片需要根据自己所在的小组和对应的角色造型进行修改。▽

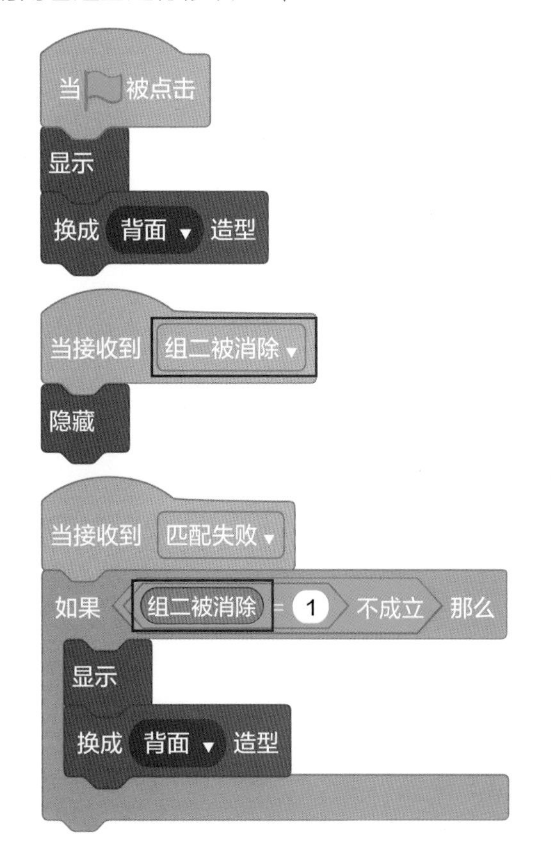

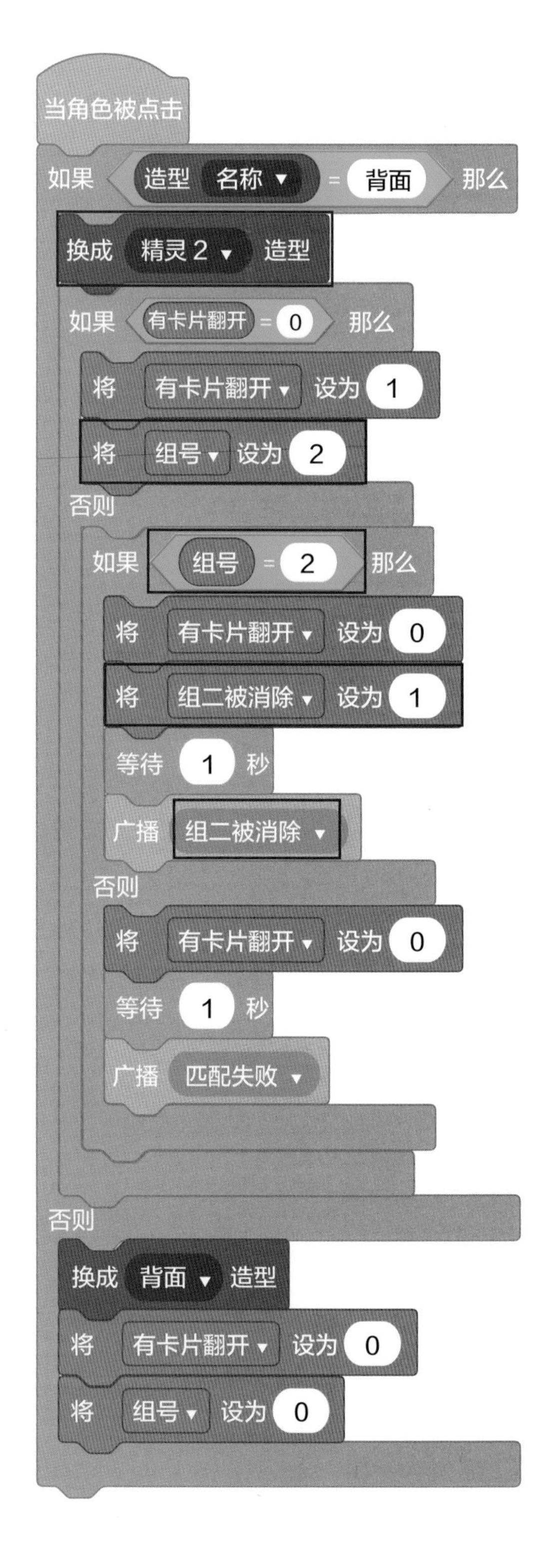

运行与优化

全部代码完成了，终于可以长舒一口气了！下面好好梳理一下，就可以开始玩翻翻乐游戏啦！▽

舞台背景代码

▽ 舞台背景代码主要实现了各个变量的初始化。

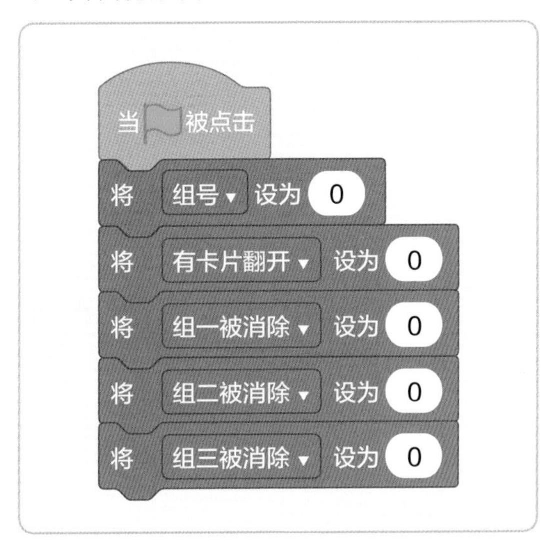

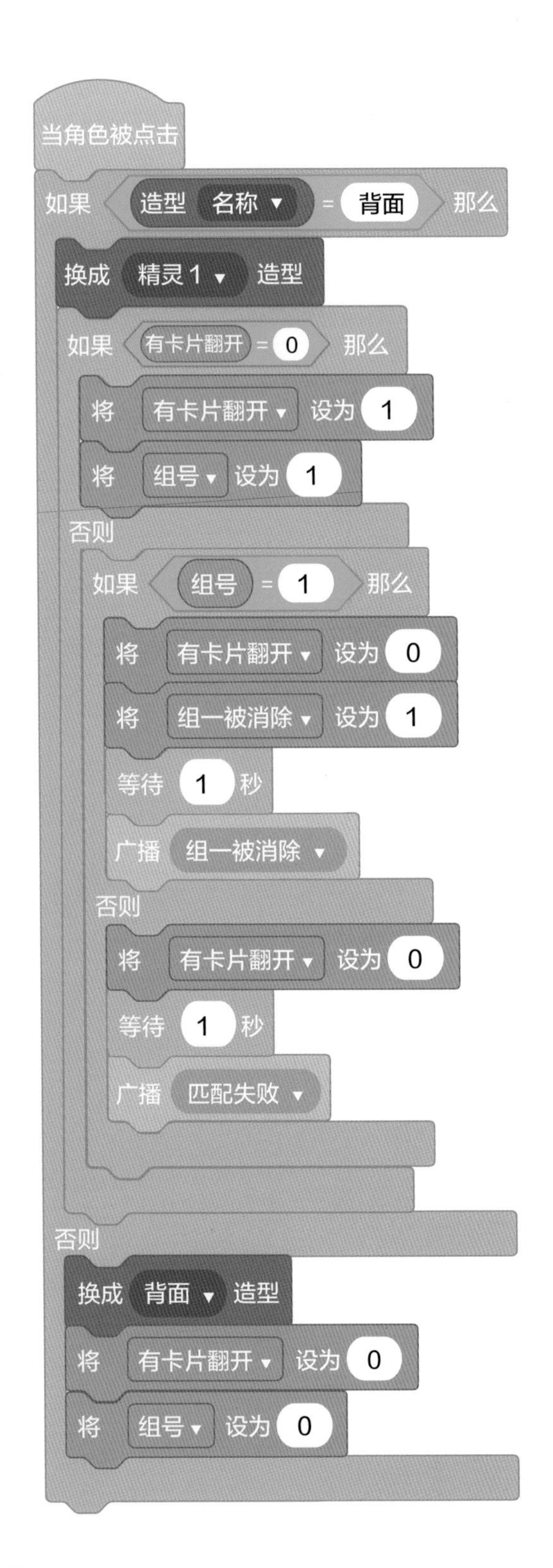

角色 1 和角色 2 代码

角色 1 和角色 2 属于同一组，它们的角色造型相同，代码也相同。

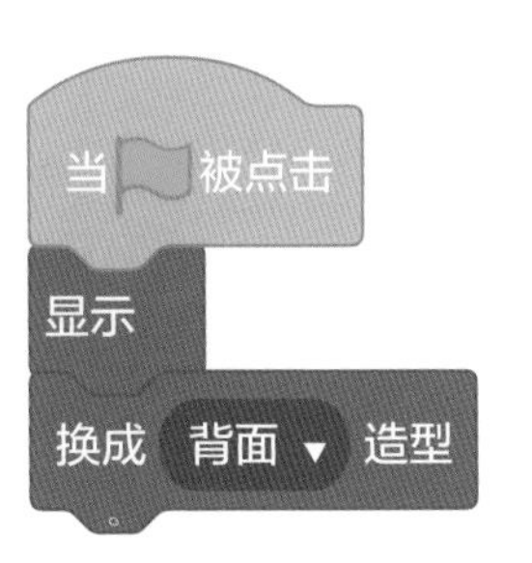

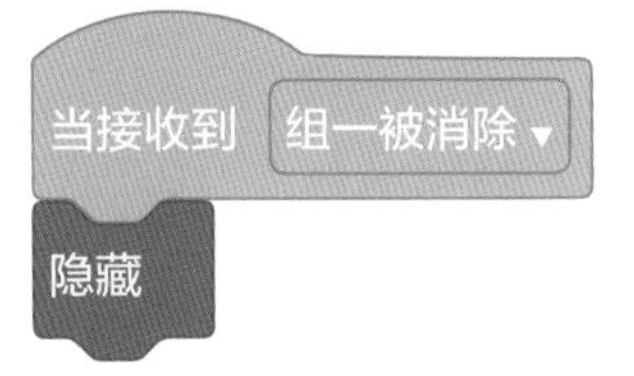


```
当接收到 匹配失败
如果 <组一被消除 = 1> 不成立 那么
    显示
    换成 背面 造型
```

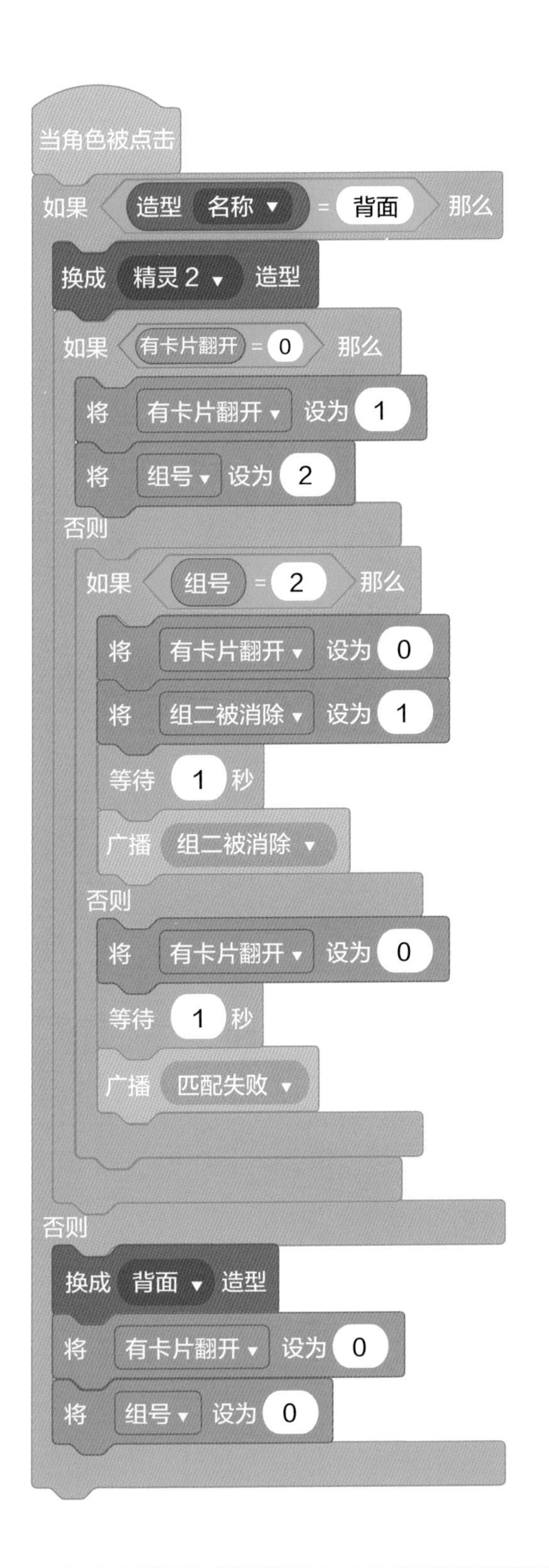

角色 3 和角色 4 代码

角色 3 和角色 4 属于同一组，它们的角色造型相同，代码也相同。

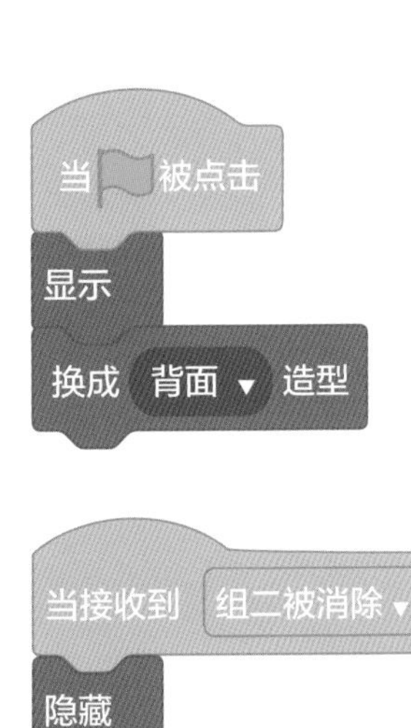

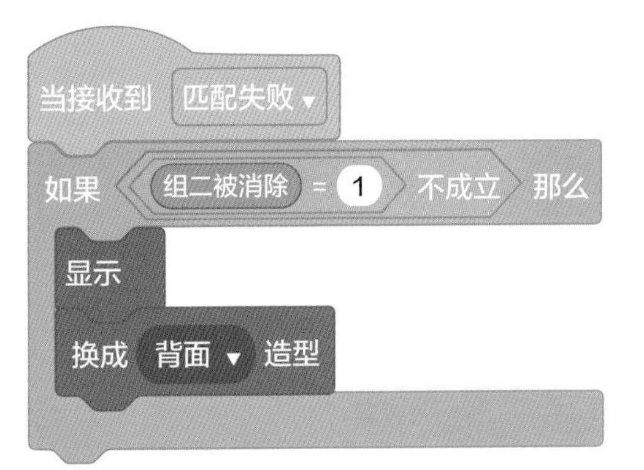

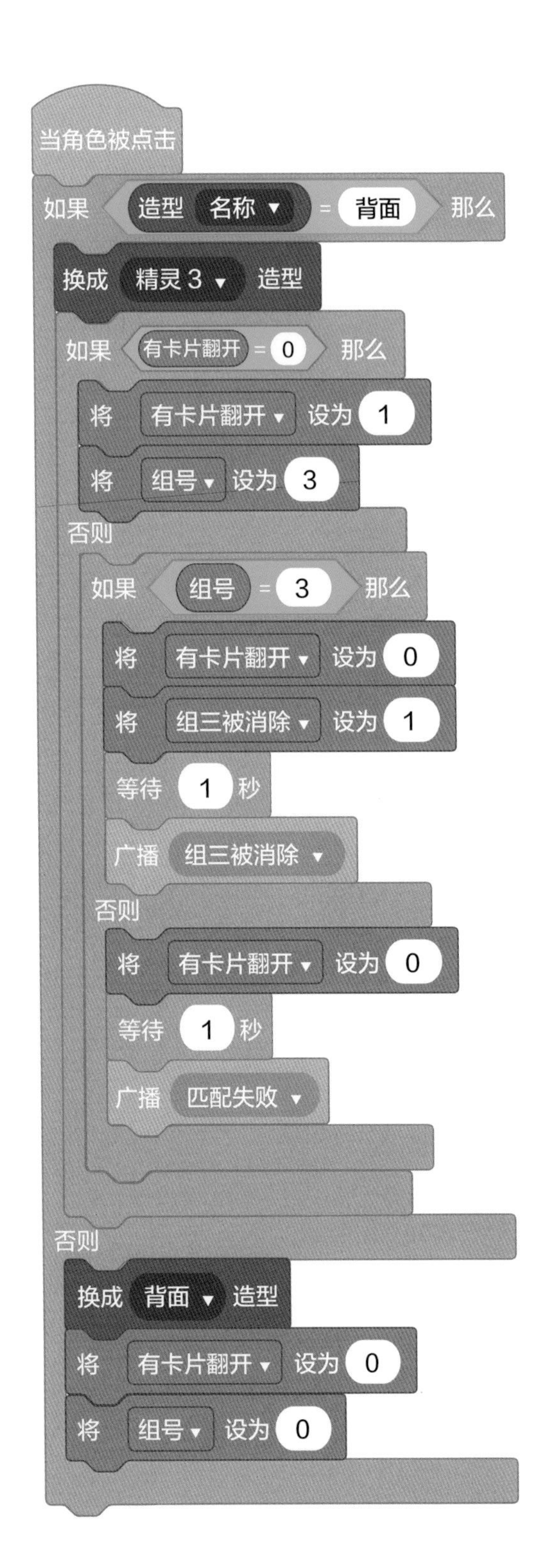

角色 5 和角色 6 代码

角色 5 和角色 6 属于同一组，它们的角色造型相同，代码也相同。

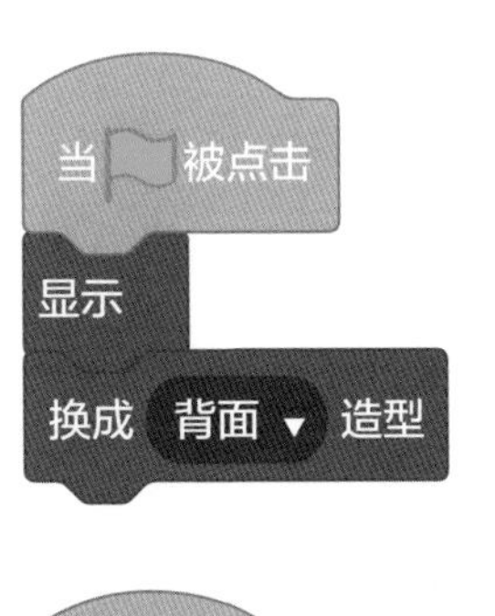

当接收到 匹配失败
如果 组三被消除 = 1 不成立 那么
显示
换成 背面 造型

思维导图大盘点

这个游戏真好玩！画一张思维导图，回顾一下这个编程任务是怎么完成的吧。

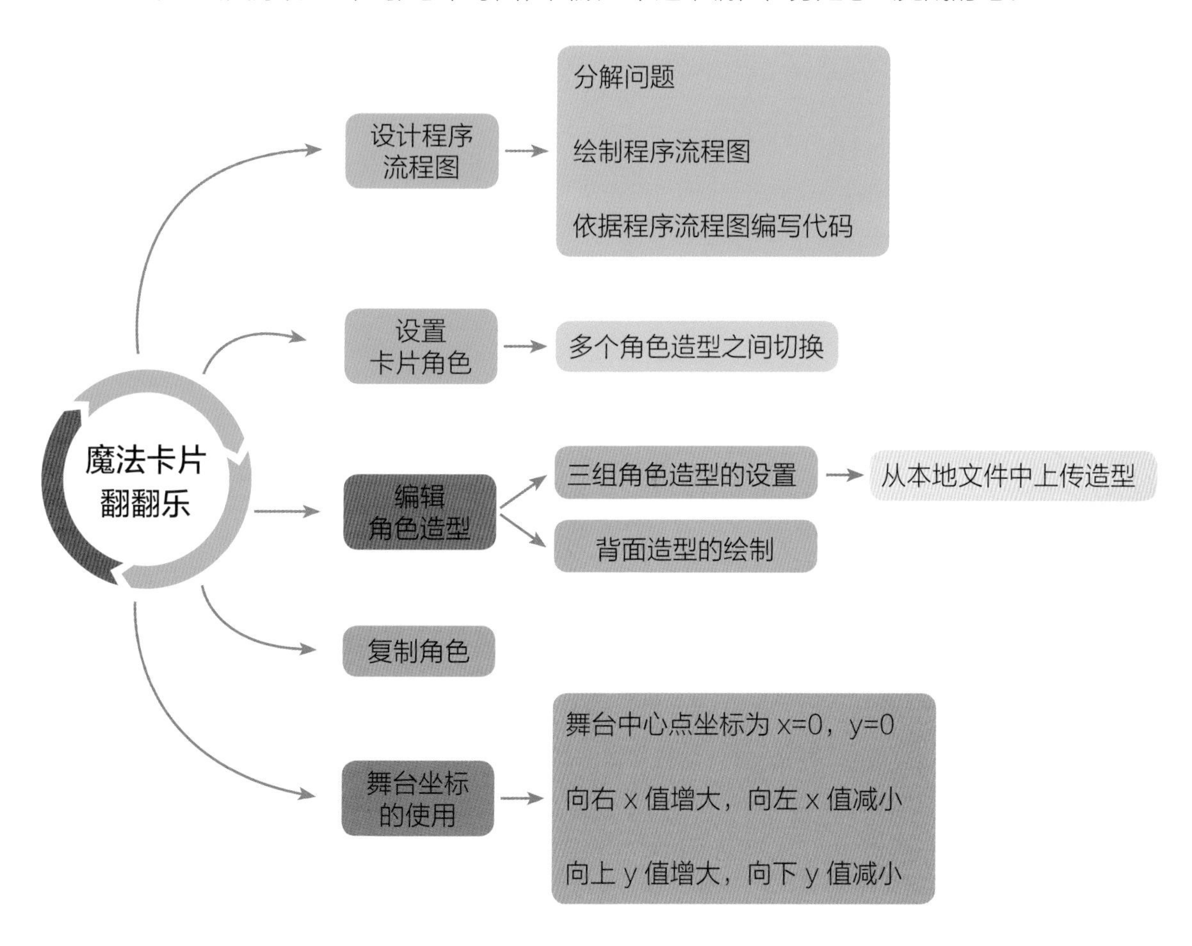

挑战新任务

翻翻乐这么难的游戏都能实现，真应该给你颁发一枚游戏开发者勋章！

游戏嘛，总会有升级版本，刚刚我们实现了三组图案的翻翻乐游戏，你尝试一下四组图案的翻翻乐吧！

气球派对

解锁新技能

- 克隆角色
- 随机切换角色造型

全部卡片被消除之后，魔法墙壁突然变成一道光消失了。从这耀眼的光芒里走出来一位国王模样的人。只见他手里拿着一个精美的礼物盒，准备送给小壹。

小壹刚接过礼物盒，礼物盒就打开了，里面是一枚紫色的水晶！

这时，小壹身边飞来好多气球！

国王对小壹说："恭喜你！经过千辛万苦，终于完成了这次奇幻之旅，祝贺你完成了探险！这块紫水晶是程序员能量石，你一路经历和积累的知识都存储在这枚紫水晶里，这也是你进入高级程序员行列的标志！我们为你准备了晋级气球派对……"

"太棒了——"小壹开心地大喊。可是，他突然感觉自己的双脚好像踩空了，身体不断向下坠落。他紧紧地闭上了双眼，不知道自己会掉到哪里……

当小壹再次睁开眼睛时，发现自己正躺在家里的小床上呢！咦，刚才是梦吗？好长的一个梦啊！不过——手里怎么多了一枚紫水晶呢？

领取任务

要想举办气球派对，就要有放飞气球的效果。那么多气球，需要建立那么多气球角色吗？角色区怕是装不下吧？

别急，本次任务会教大家克隆角色的方法——用一个气球角色，轻松搞定气球派对！而且配合随机切换角色造型的方法，还能自动生成各种颜色的气球，是不是很想试一试呢？

一步一步学编程

1 添加国王角色

删掉系统默认的角色并添加国王角色。

鼠标点击角色区“上传角色”按钮，打开已经下载到电脑中的本册“案例 10”文件夹，从“4-10 案例素材”文件夹中找到“魔法王国国王”图片。点击图片再点击“打开”按钮，将其添加为角色。

2 添加与国王的对话

程序启动时，让魔法王国国王开口说本次气球派对的开场词。要用到“外观”类指令下的“说……

……秒”代码积木和“当🏳被点击”代码积木。国王说的话请你来发挥吧！你觉得国王会说什么呢？

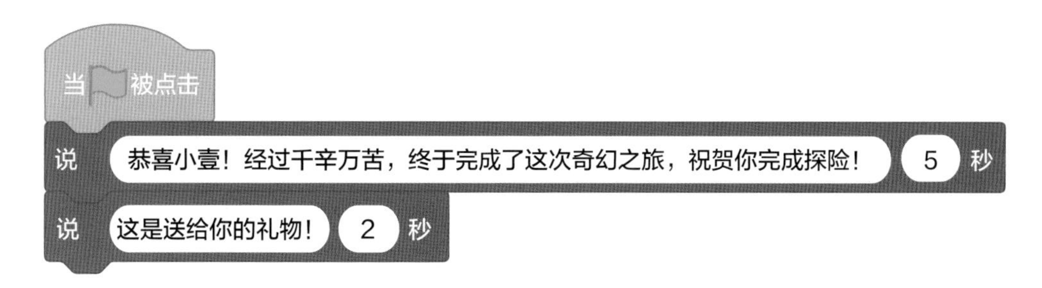

3 添加礼物盒角色

△ 把角色库中的“Gift”，添加为礼物盒角色。在舞台上调整好礼物盒和国王的位置。

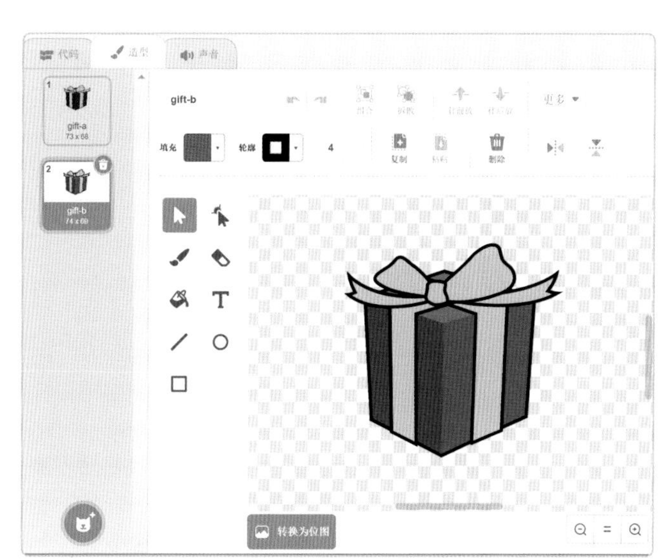

△ 点击左上角的“造型”选项卡，切换到造型编辑界面，删掉造型列表中的第二个蓝色礼物盒造型。

△ 给礼物盒角色添加紫水晶造型，鼠标指向左下角的小猫头像图标，弹出“造型修改”菜单。

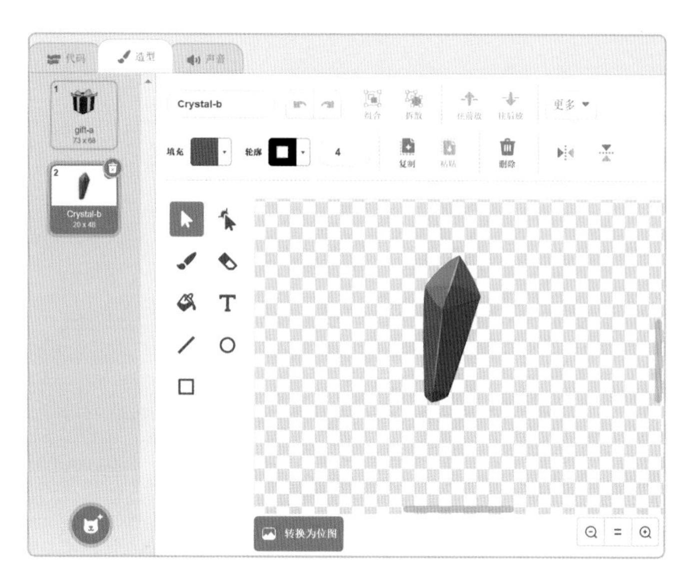

△ 点击“选择一个造型”按钮，打开造型库，找到紫水晶造型“Crystal-b”，点击添加到角色造型列表中。

别忘了将默认的角色造型切换成第一个礼物盒造型，让礼物盒造型处于选中状态就好了！ ▷

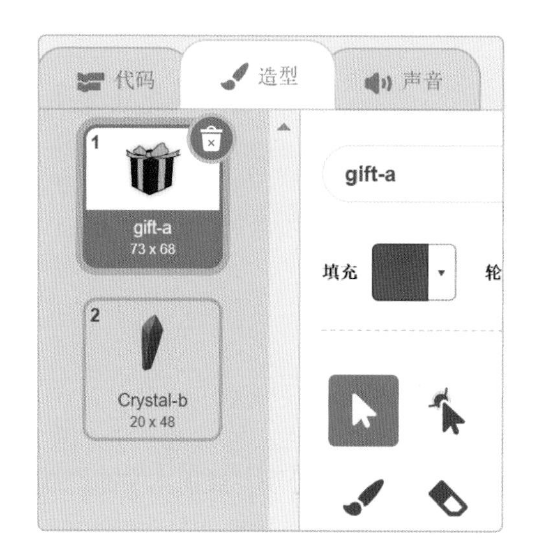

4 设计礼物盒程序流程图

切换回代码编辑状态。根据故事描述，小壹接过礼物盒（这里可理解为“当礼物盒被点击”），礼物盒就切换成紫水晶（礼物盒造型和紫水晶造型切换），然后启动气球向上飞出的动画，放飞气球。

我们需要一个“当角色被点击”代码积木，被点击之后，判断当下造型是否为礼物盒。如果是，将其切换成紫水晶造型，然后放飞气球。不过礼物盒无法直接跟气球通话，因此，它需要发送一个消息。当气球接收到这个消息就会自动放飞啦！

别忘了，每次程序启动时，将造型角色还原，切换回礼物盒造型。

我们尝试一下用程序流程图来表达程序设计思路吧。

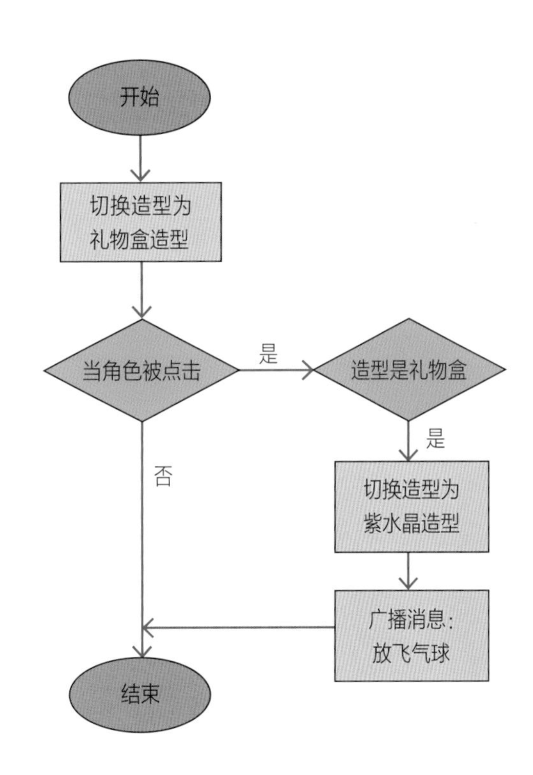

5 编写礼物盒代码

有了程序流程图，编写代码就容易多啦！

当 按钮被点击时，也就是当程序启动时，使用切换造型积木将造型切换成礼物盒造型（gift-a）。

当 被点击
换成 gift-a ▾ 造型

当角色被点击时，使用“如果……那么……”条件判断积木，判断条件就是造型的名称是不是“gift-a”。造型名称就用“外观”类积木中的“造型……”变量代码积木来表示，其中可以选择使用造型的编号或者名称信息，本次任务使用的是名称信息。

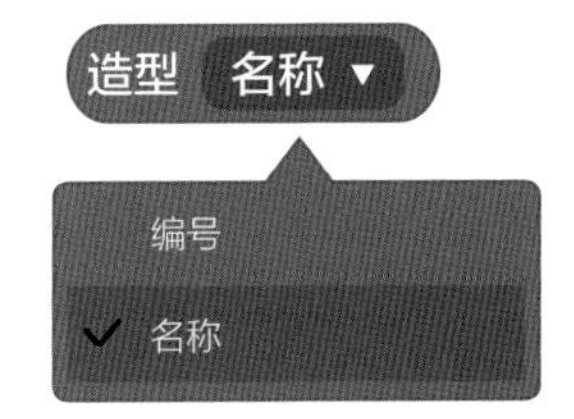

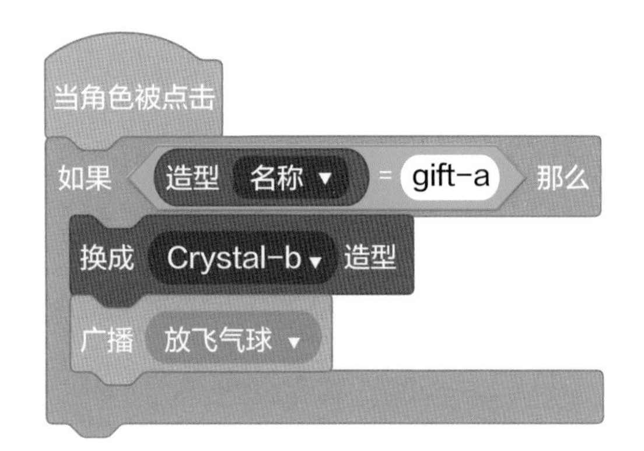

如果角色造型名称是“gift-a”，鼠标点击时使用“外观”类指令下的“换成……造型”代码积木将造型切换成紫水晶造型（Crystal-b），然后广播消息“放飞气球”。

6 添加气球角色

从角色库中找到“Balloon1”，将其添加为气球角色。

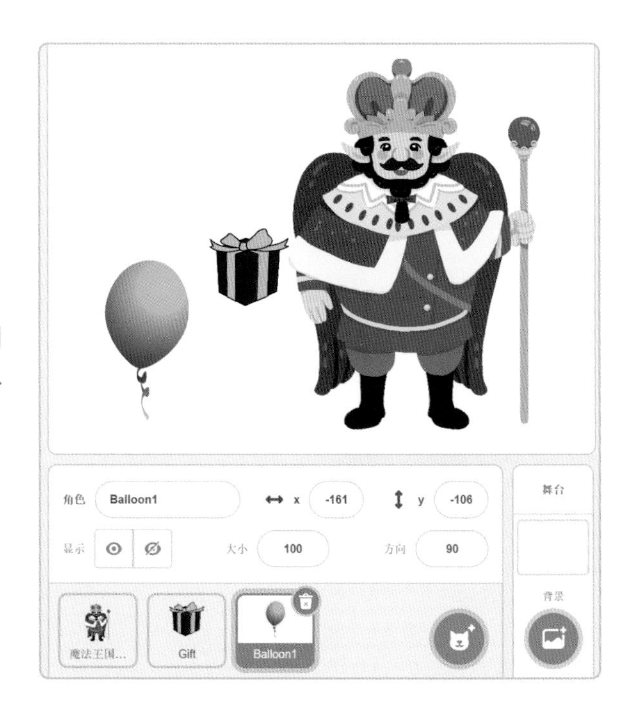

先来看看气球的造型吧！鼠标点击左上角“造型”选项卡，切换到气球的造型编辑界面。角色库中提供了好几种颜色造型的气球，如果你觉得颜色不够，还可以再复制几个气球造型出来，然后分别修改它们的颜色。右键点击气球造型，在弹出的菜单中点击“复制”，就得到新的气球造型了。

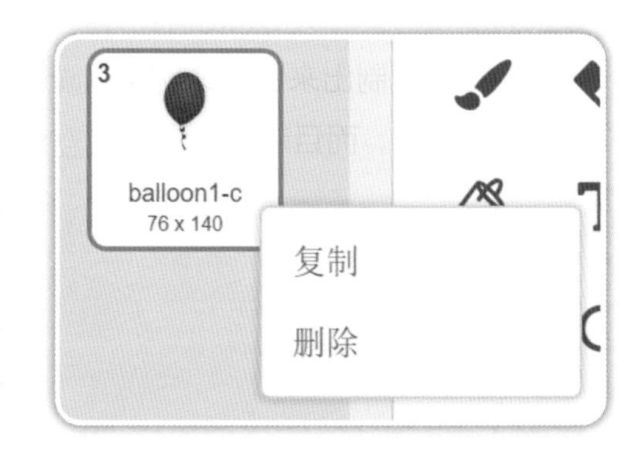

然后，可以通过修改“填充”和“轮廓”来改变气球造型。▽

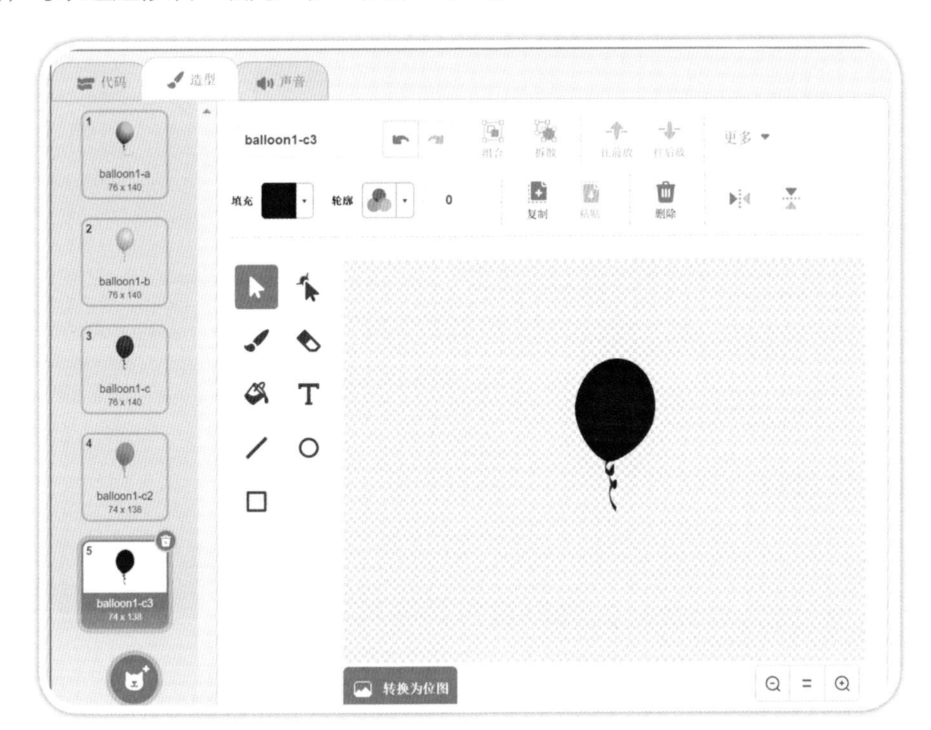

7 设计气球程序流程图

当收到“放飞气球”的消息时，有好多个气球要从舞台下方起飞，到舞台顶端消失。如果需要 50 个气球，难道要在角色栏里面添加 50 个角色吗？如果需要 100 个呢？

这是个超级大的工作量。因此，本次任务将采用复制的方式来产生气球，通过执行重复命令不断地产生气球。

这些被复制出来的气球就叫克隆体。对于每个气球克隆体，可以随机给它一个造型（也就是随机颜色），而且起飞的位置也是随机的，这些将使用随机方式的代码积木来实现。

为了让思路更加清晰，还是让程序流程图来帮助我们吧！

在程序开始的时候，先将气球隐藏起来，准备给小壹一个惊喜！

设置气球在运动过程中保持左右翻转模式，这是为了避免气球运动时大头朝下；然后，当接收到“放飞气球”消息时，播放胜利的声音。

利用循环结构复制 50 个气球出来，为了让气球不同时出现，每次复制之后等待 0.2 秒再生成下一个气球；对于每个克隆体，当启动克隆体的时候，随机选用一个气球造型（红的、绿的、紫的、黄的、蓝的都可以）。

给气球一个最低起点，y 轴坐标是 -200，x 轴坐标在 -200 和 200 之间随机选取，这样每个气球就可以从不同的地方出现啦！

接下来，让气球面向上方（0 度方向）移动（移动 5 步），这样 y 轴坐标的数值会不断增大，一旦 y 轴坐标值超过 100，也就是到达了舞台顶部边缘，气球就可以消失了，将这个克隆体删除。如果还没有到达舞台顶部边缘，气球就可以继续上升。

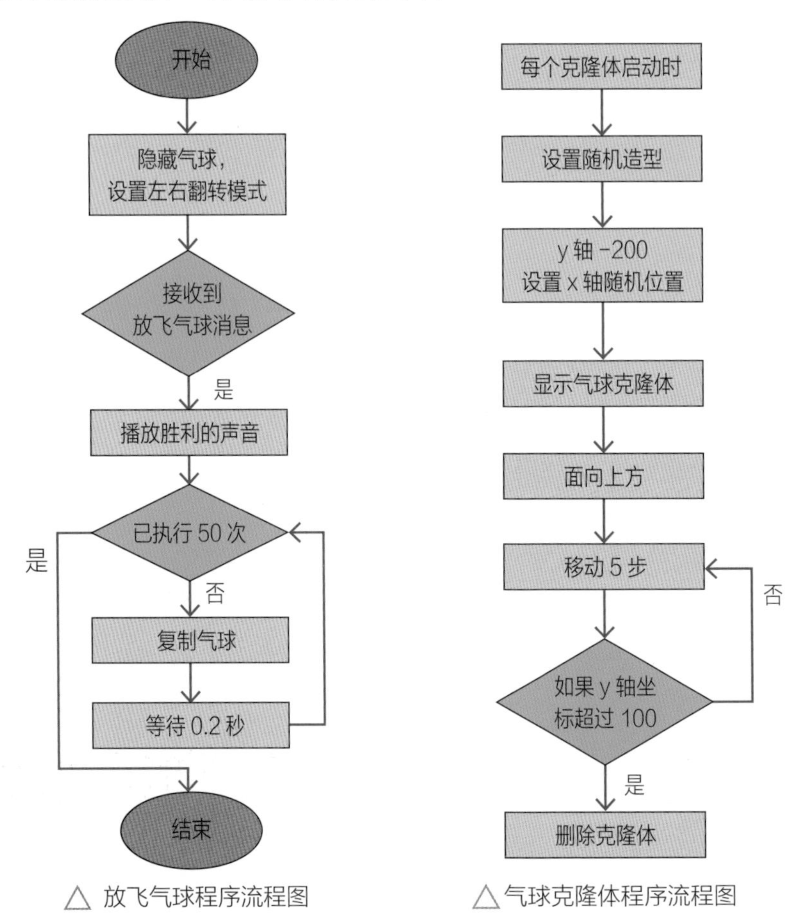

△ 放飞气球程序流程图　　△ 气球克隆体程序流程图

8 编写气球代码

依照上面的流程图，我们可以一步步实现气球的代码啦！先在角色区选择气球 Balloon1 角色，切换到气球角色代码编辑状态，然后按照程序流程图提示编写如下图所示的代码。

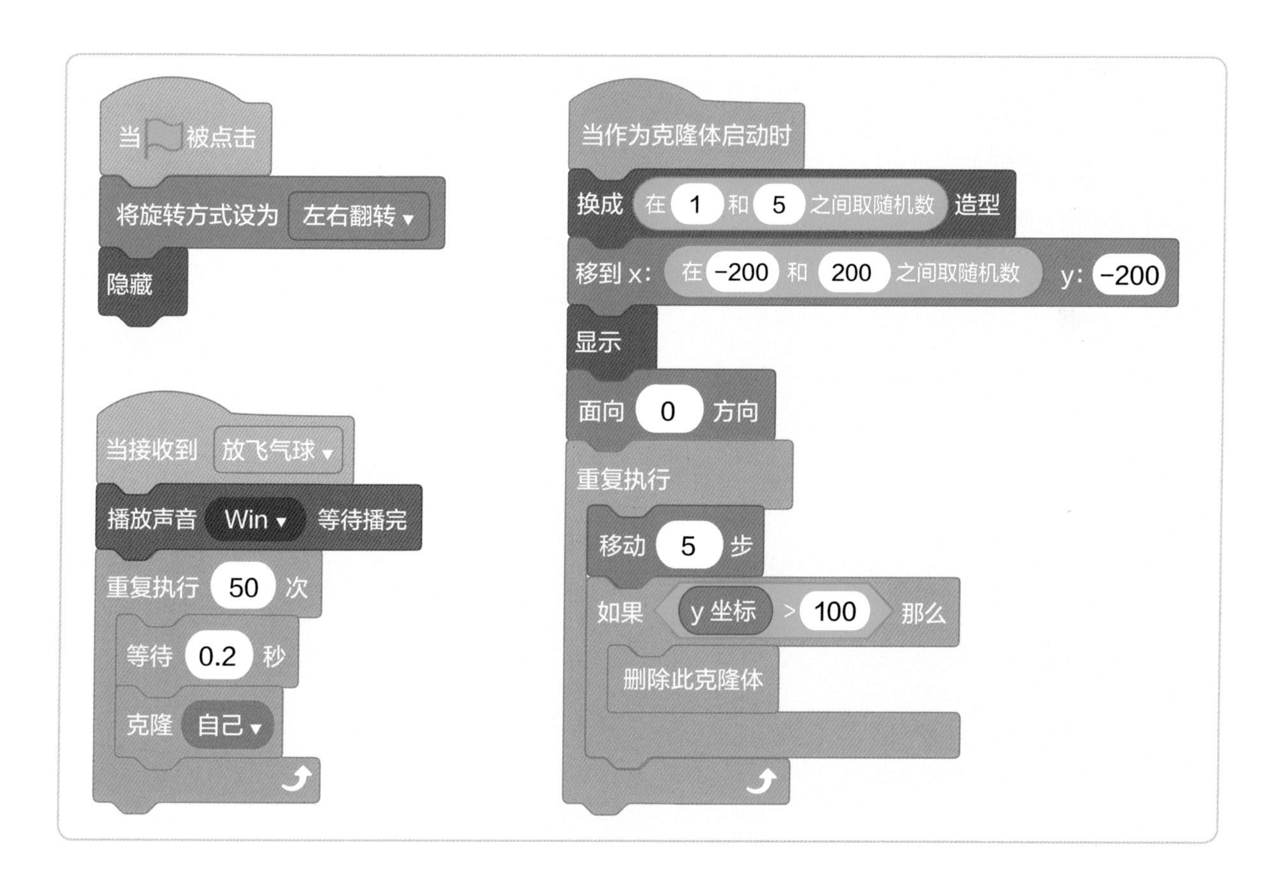

运行与优化

有了程序流程图的助力，代码写起来是不是顺利很多了呢？好了，现在我们整理一下这次任务的代码吧。

国王代码

国王主要负责介绍故事背景，代码比较简单，当程序启动时，国王开口说话。

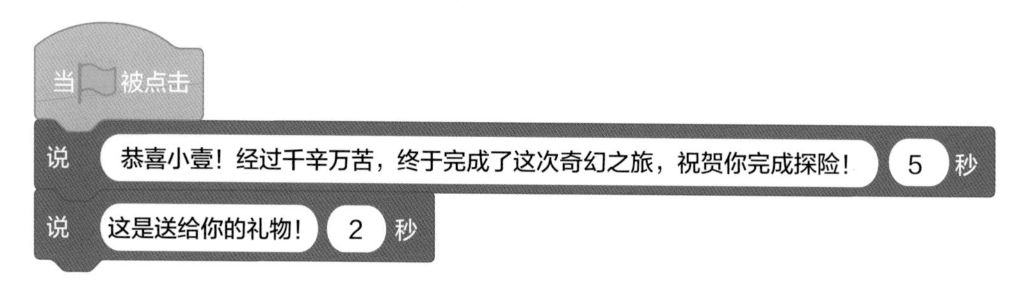

礼物盒代码

点击礼物盒，切换造型，广播消息，放飞气球，具体代码如下图所示。

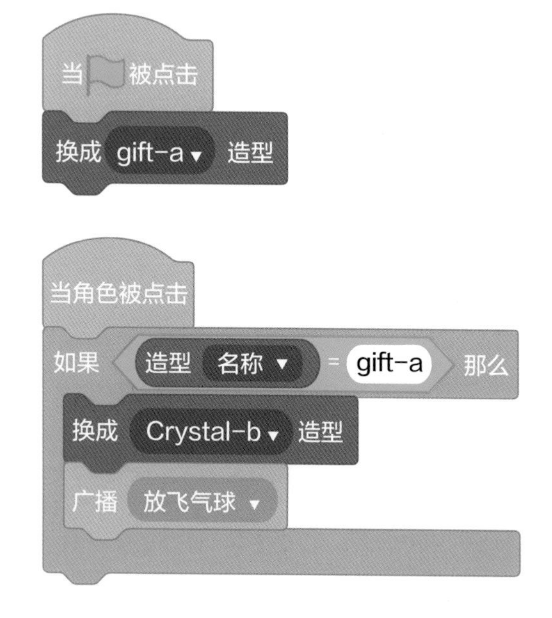

气球代码

气球用来庆祝小壹顺利完成任务。首先通过复制生成气球；然后当克隆体启动时，为每个气球克隆体设置初始的显示造型和初始位置；最后利用循环让每个气球克隆体自动向上运动直到舞台边缘，超过舞台边缘克隆体消失。具体代码如下图所示。

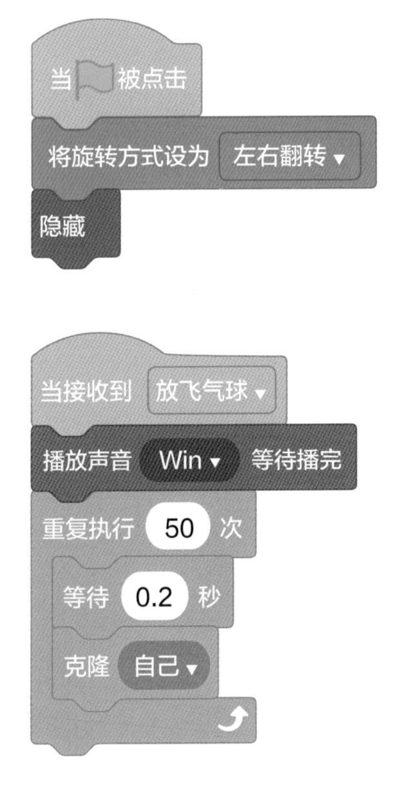

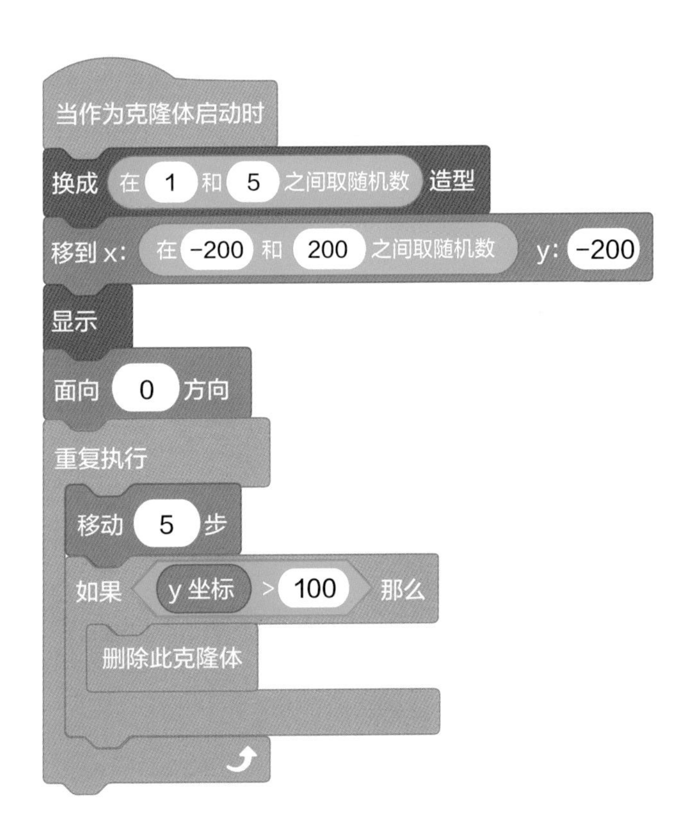

思维导图大盘点

画一张思维导图，回顾一下这个编程任务是怎么完成的吧！

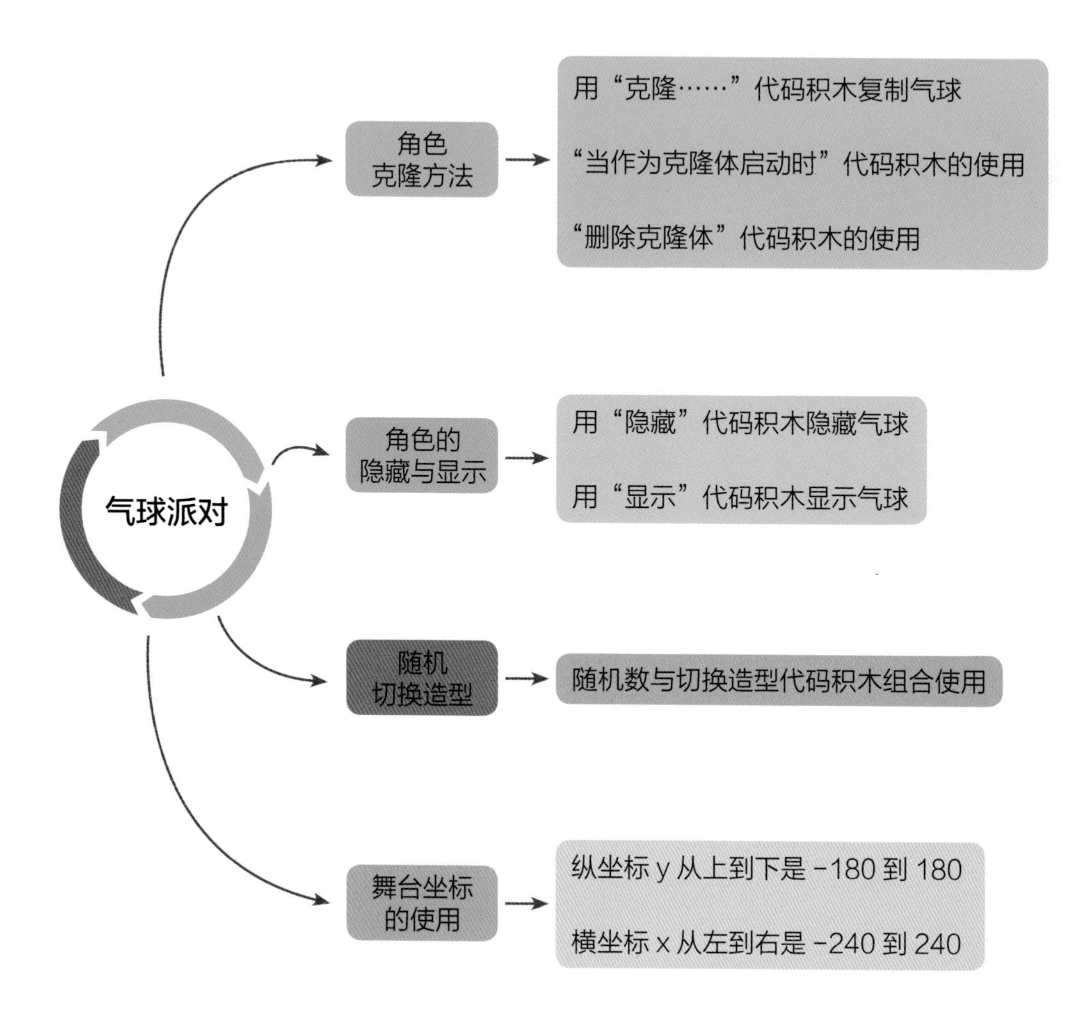

挑战新任务

下雪啦！雪花向下飘落的样子其实跟气球起飞是相似的，只不过方向不同而已。下面你来试试编写一个浪漫的雪花慢慢飘落的程序吧！

附录 1 安装 Scratch

小朋友，Scratch 是由美国麻省理工学院（MIT）专门为少儿设计开发的编程工具。有两种方法可以获得 Scratch 编程环境。

第一种方法是使用网页版。在浏览器输入网址 https://scratch.mit.edu/projects/editor/，进入网页后可直接编程。

第二种方法是安装客户端。在网页 https://scratch.mit.edu/download 下载 Scratch 电脑客户端，安装在自己的电脑中。

小朋友，咱们一起来详细了解如何利用第二种方法邀请 Scratch“住”进我们的电脑吧！

（1）进入下载页面后，点击 Direct download 。▽

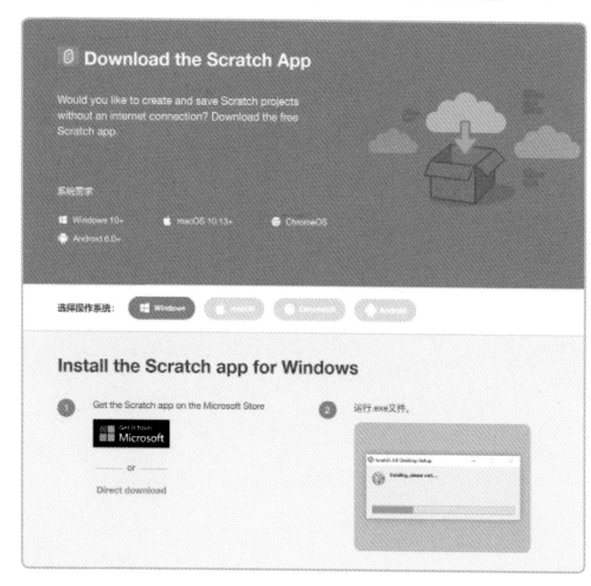

（2）弹出“新建下载任务”对话框，点击“下载”按钮。▽

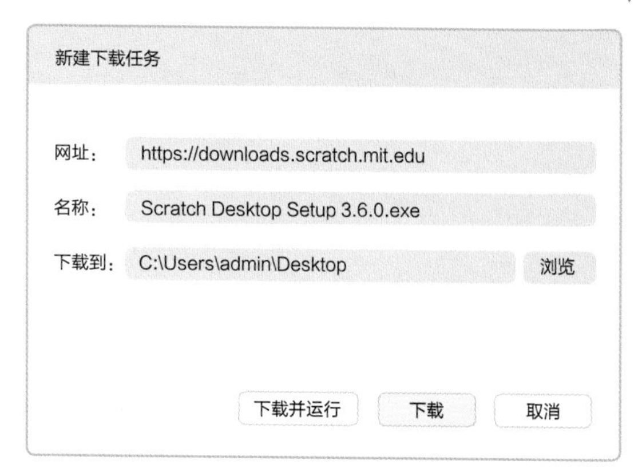

（3）稍等片刻，在桌面上看到这样的图标就是我们的安装文件啦！▷

Scratch
Desktop Setup
3.6.0

（4）双击 Scratch 安装文件，打开安装软件对话框，点击“安装”按钮。▷

Scratch Desktop 安装

安装选项

为哪位用户安装该应用?

请选择为当前用户还是所有用户安装该软件

为使用这台电脑的任何人安装（所有用户）

仅为我安装（admin）

安装　取消

（5）Scratch 进入安装状态，静静等待自动安装。▽

（6）弹出正在完成安装提示后，点击“完成”按钮。▽

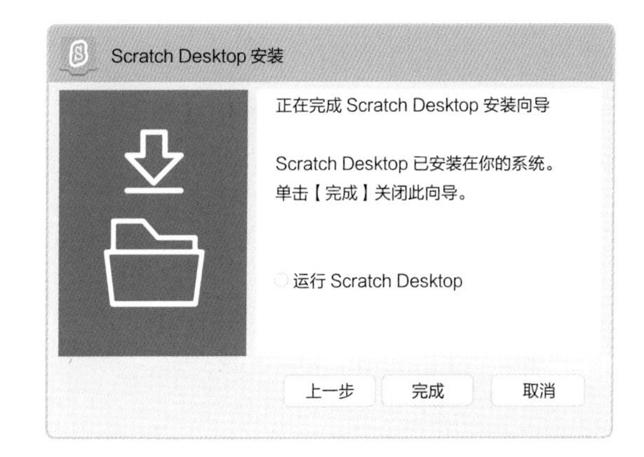

（7）安装完成后，就进入 Scratch 编程环境啦！▽

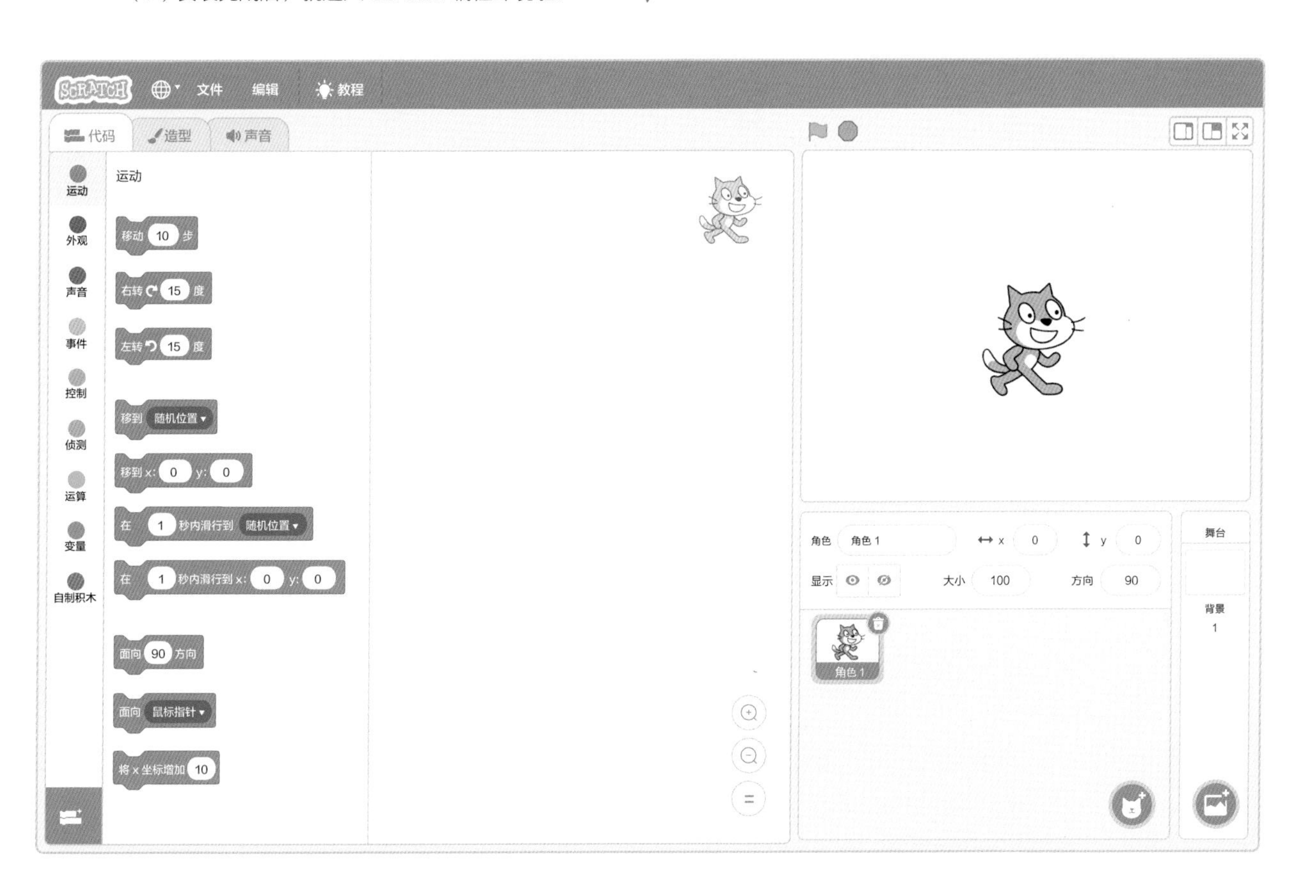

附录 2 Scratch 编程环境简介

Scratch 编程环境根据不同功能划分为六个区域。

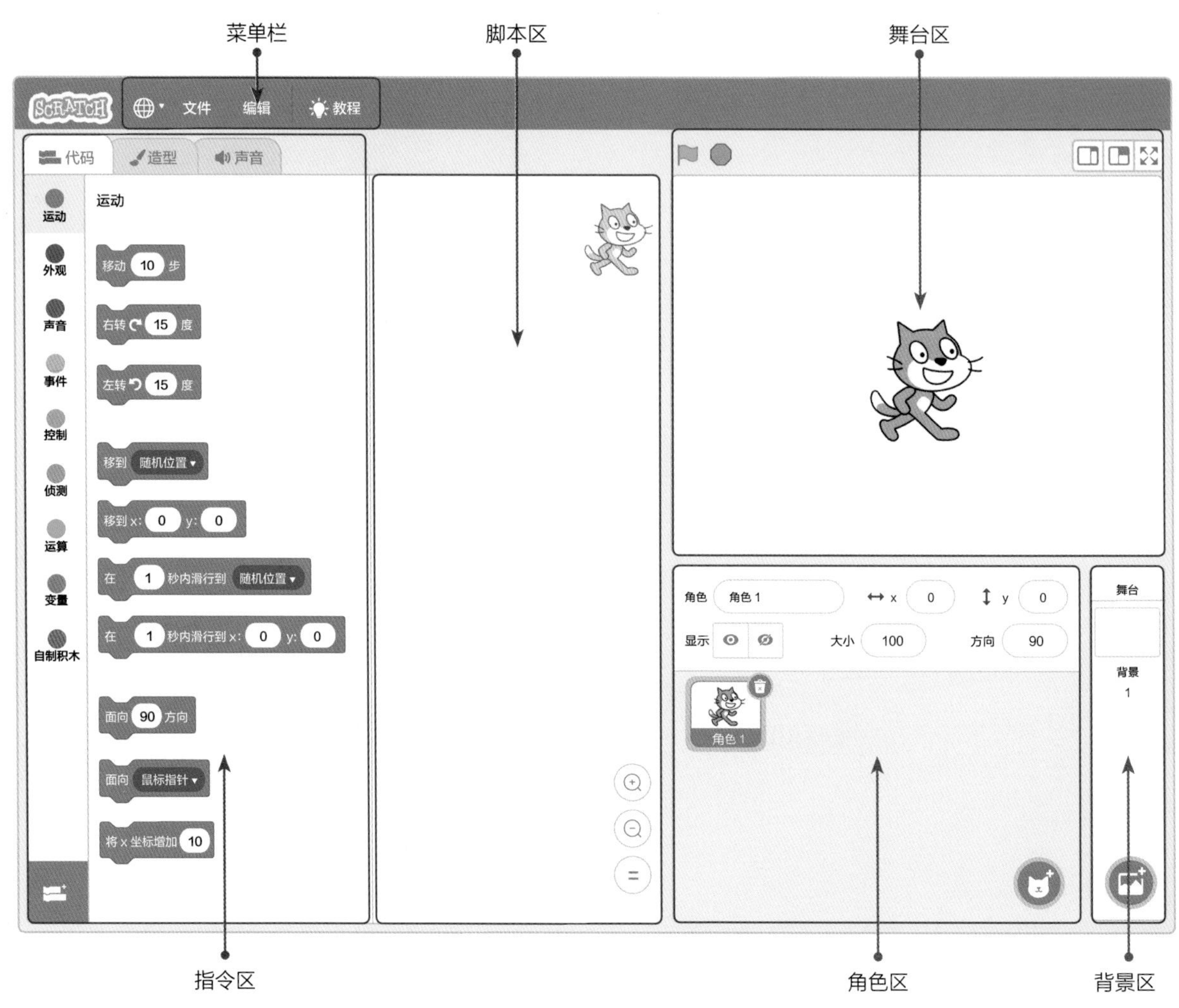

【小贴士】

小朋友，本书的所有案例任务都是用 Scratch3.0 完成的。由于 Scratch 会迭代升级，它的界面会不断更新，图标会不断优化，功能也会不断完善。如果你发现自己用的 Scratch 和本书的不一致，那也没关系，因为变化的只是它的“皮肤”，不变的是它的内在逻辑。相信你一定可以找到所有案例任务的实现方法！

1. 指令区

指令区的上方有三个选项卡。当选中角色时，三个选项卡分别为“代码”“造型”和“声音”；当选中背景时，三个选项卡分别为“代码”“背景”和“声音”。

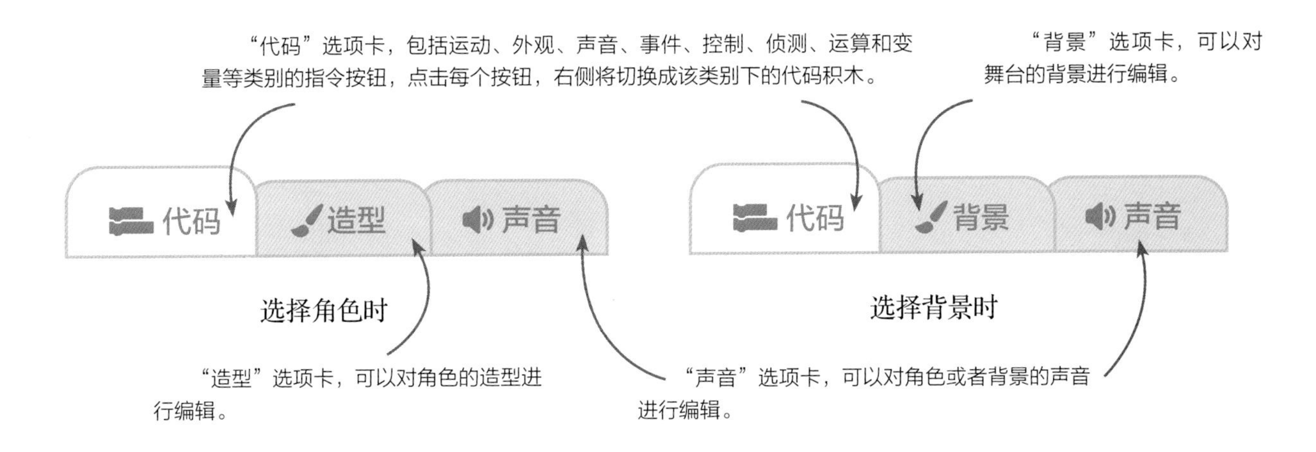

Scratch 还支持自制积木，小朋友可以根据需要自己创建完成指定功能的自制积木呢！

除此之外，Scratch 还提供了很多扩展功能，点击屏幕左下角的图标，你可以添加更多类别的指令。

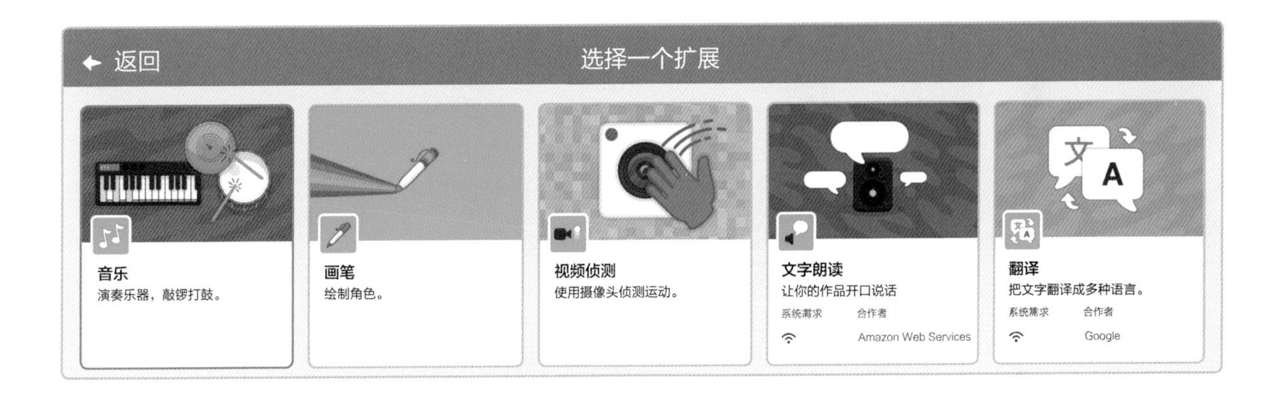

2. 脚本区

脚本区是我们编程的空间，可以在指令区点击并拖动需要的积木到脚本区。拼接在一起的积木能够完成动画、故事效果，或者形成有趣的游戏。

3. 舞台区

舞台区是程序最终运行的场所，所有编程的效果将在舞台区进行展现。舞台区有五个控制按钮。

4. 角色区

角色区包括角色列表和角色属性面板。点击图标，可以通过不同方式添加角色。角色列表包含了程序所有的角色。点击角色列表中的某个角色，点击右键后可以复制、导出或删除该角色；同时切换到该角色的属性面板，其中包含角色名字、显示效果、位置、大小和方向等属性信息，可以对其进行手动修改。

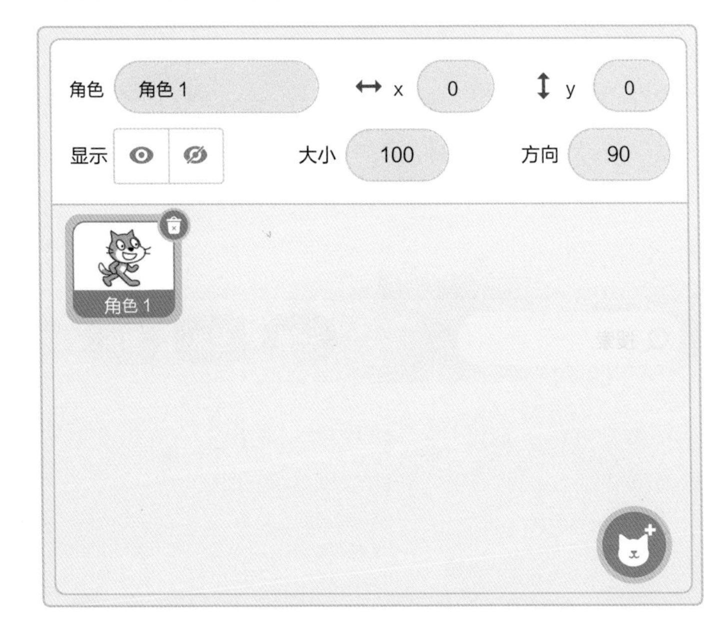

5. 背景区

背景区实现对舞台背景的管理，Scratch 默认为“背景 1”的空白背景，点击图标，可以通过不同方式添加背景。

6. 菜单栏

菜单栏主要包括四个菜单按钮。

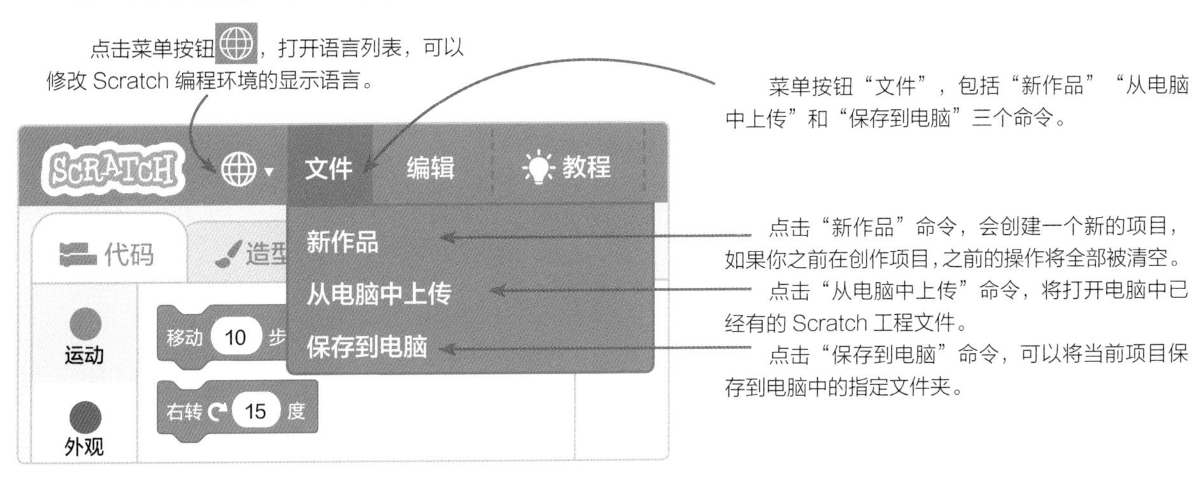

菜单按钮“编辑”，包括“恢复”和“打开 / 关闭加速模式”两项。

其中“打开 / 关闭加速模式”是对加速状态的控制。当点击“打开加速模式”时，程序就相当于进入快进状态，执行速度会大大提高。在加速状态下，点击“关闭加速模式”，则结束快进状态。

菜单按钮“教程”，展示了 Scratch 为我们提供的丰富案例库。

附录 3 Scratch 游戏和动画的编程技巧简介

游戏好玩，动画好看，掌握了编程技巧，我们就可以用 Scratch 轻松编写有趣的游戏和动画了。

Step 1：梳理逻辑及元素

全盘考虑，盘点需要哪些角色、这些角色分别有哪些行为、需要什么背景、游戏的玩法和逻辑、成功和失败的条件、声音和动画的特效。

例如，《穿越恐龙防线》这个游戏相对复杂，通过游戏描述我们可以先做如下分析。

角色：一个棕色小猫角色、三个恐龙角色、一个钥匙角色。

角色行为控制：小猫的行为用键盘来控制；小恐龙的行为是自动的；钥匙是游戏的目标，静止不动。▷

游戏背景：大草原。

游戏成败条件：当小猫碰到正在巡逻的小恐龙时，游戏失败；当小猫碰到钥匙时，游戏成功。

像这样，把需要的逻辑和元素梳理清楚就可以开始动手编程了。

Step 2：调遣资源

1. 角色设置

根据游戏的需要选用角色。Scratch 系统默认的角色就是舞台上的黄色小猫。此外，我们可以从本地上传角色、从角色库中随机生成角色、自己绘制角色或者从角色库中选择一个角色。▽

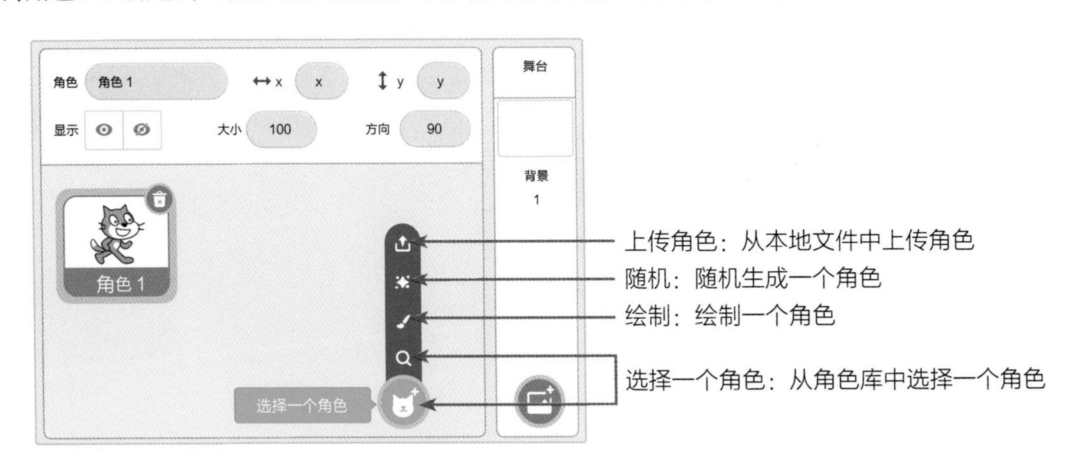

角色的造型是可以切换的，进入角色造型编辑页面，就可以对角色的造型进行详细的编辑。▷

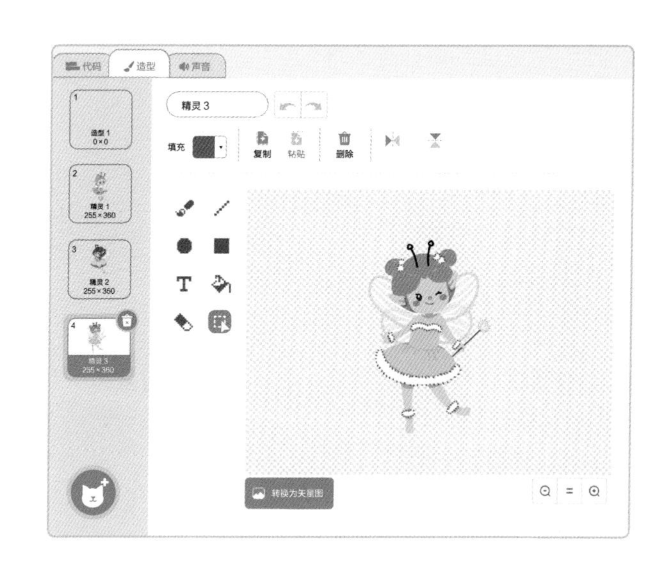

鼠标指向界面左下角的小猫头像图标，也会弹出一个造型修改菜单，可以根据需要通过摄像头拍摄一张照片、从本地文件中上传造型等。▽

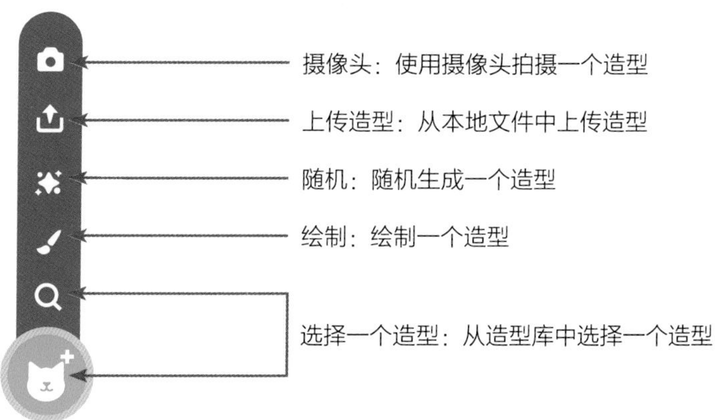

配合“外观”类指令下的“换成……造型”代码积木，可以控制角色以哪种角色造型出现。▷

2. 背景设置

鼠标指向背景区下方的蓝色图片图标，可以根据需要，选用不同的方式添加游戏或动画的背景。▷

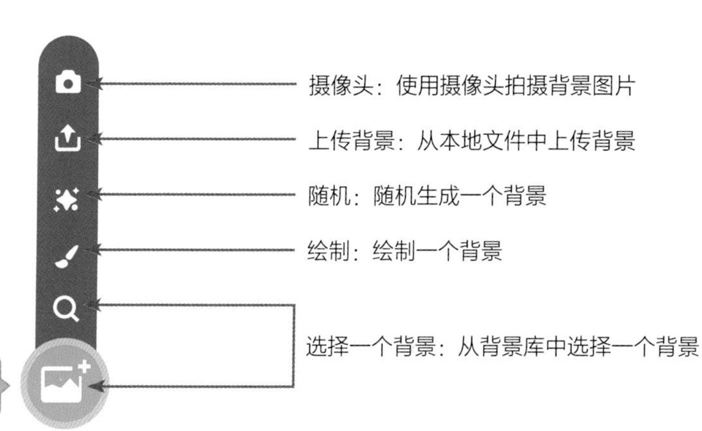

游戏或动画可以是多个场景的，场景之间还可以进行切换。点击“背景”选项卡，进入背景编辑状态，添加和管理背景图片。

配合“换成……背景”代码积木，控制当前需要切换的背景。

3. 声音设置

为游戏或动画添加声音资源更能让人有身临其境的感觉。点击屏幕左上角的“声音”选项卡，在这里管理和编辑程序的声音。

左下角有选择声音的图标，跟添加角色和添加背景的方式类似，鼠标滑过图标会弹出添加声音菜单，你可以选择不同方式添加声音。▷

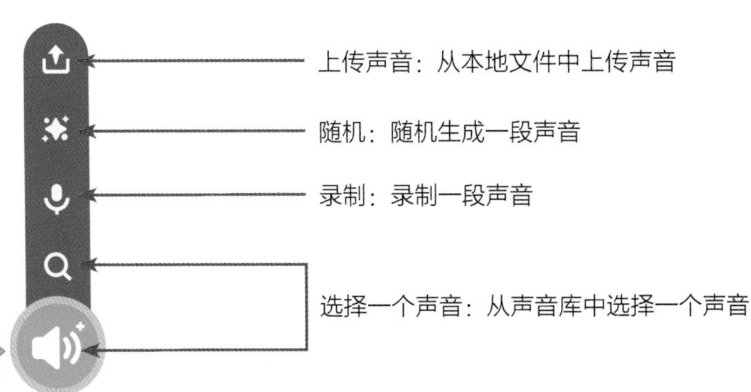

配合“播放声音……等待播完”代码积木或者“播放声音……”代码积木来播放声音。

Step 3：编写脚本

当所有角色、背景、声音等资源到位之后，就可以给它们赋予代码脚本并让它们按照脚本来执行命令了。

在程序设计的世界里，程序的执行有三种结构：顺序、条件选择和循环，这三类基本结构撑起了程序的所有运行流程。如果程序逻辑比较复杂，我们可以先用程序流程图来进行程序的设计，然后再依照程序流程图进行代码编写。

顺序结构的代码积木顺次拼接就好了。

条件选择结构可以使用“如果……那么……”“如果……那么……否则……”代码积木实现。

循环结构则可以使用“重复执行”和“重复执行……次”代码积木来实现。

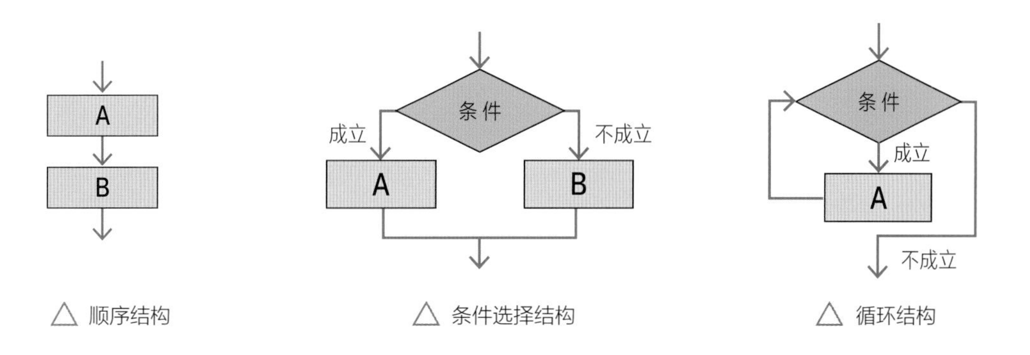

△ 顺序结构　△ 条件选择结构　△ 循环结构

Step 4：运行测试

核心逻辑设计完之后，一定不要忘记运行测试。

通过运行测试看看画面布局是否合理、角色大小是否合适、游戏运行能否顺利进行、动画播放是否流畅等。

运行中发现“臭虫”（bug，指程序运行中的错误）怎么办？自然是要重新检查代码以及角色、背景的设置了。

慢慢地，你就会调试自己的小程序了，Scratch 编程技能也会突飞猛进。把自己编写的游戏和动画代码分享给好朋友，邀请他们一起来玩吧！